남극 세종기지
북극 다산기지

W미디어

이 책은 방일영문화재단의 지원을 받아 저술되었습니다.

극지는 아직 생소하다. 비행기를 세 번, 네 번을 갈아타야 갈 수 있는 곳이니 거리상으로도 너무 멀다. 그러나 가장 결정적인 것은 아직도 많은 사람들이 극지와 우리 삶을 연결시킬 만한 고리를 찾고 있지 못하기 때문인 듯하다. 극지를 연구하는 과학자들이 가장 안타까워하는 부분이 아닐까.

최근 들어 정부의 태도가 조금은 전향적으로 변하고 있다. 극지 연구를 발전시키려면 '국민적 관심' 보다 더 큰 무기가 없다는 사실을 이제는 인지한 것 같다. 과학자들의 뛰어난 연구 성과도 중요하지만, 많은 사람들이 관심을 가질 수 있어야 더 큰 도약을 이루어낼 수 있다는 사실 말이다. 그래서 시작된 것이 한국해양연구원 부설 극지연구소의 '폴 투 폴 코리아(Pole to Pole Korea)' 사업이다.

극지연구소는 2005년 북극과 남극에 각각 한 차례씩 민간 체험단을 운영했다. 북극에는 청소년들을, 상대적으로 위험 부담이 있는 남극에는 과학 교사와 대학생이 참여했다. 재원은 한국과학문화재단의 몫이었다.

반응은 예상보다 훨씬 뜨거웠다. 이에 힘입은 남북극 체험단 사업은 2006년 본격적으로 추진되었다. 나의 남북극 체험은 이 사업에 동참함으로써 이루어진 것이다. 물론 이보다 앞선 2004년 6월, 나는 남극 세종기지를 한 차례 방문한 적이 있었다. 남빙양 크릴 조업 취재차 미국 국적의 '탑오션 호' 취재를 나선 SBS 스페셜 외주제작팀(정태일 PD, 김정식 카메라 감독)과의 동행이었다. 하지만 당시의 취재 일정상 내가 세종기지에 머물렀던 시간은 이틀에 불과했다. 신문 기자로서 극지에 대한 현장기록을 남긴다는 것은 아주 드문 일이었던 만큼 무척 아쉬움이 컸었다.

그런 아쉬움 때문이었을까, 나는 2년 만에 다시 극지에 발을 디딜 수 있는 기회를 잡았다. 그것도 남극과 북극을 3개월 간격을 두고 방문했으니 엄청난 행운이다. 2006년 8월, 과학문화재단의 지원을 받아 '폴 투 폴 코리아 청소년 북극 체험단'의 8박 9일 일정을 동행 취재하게 된 것이다. 6명의 중,고등학생들은 100대 1의 경쟁률을 뚫고 선발된 과학 꿈나무들이었다. 이들 청소년 체험단의 활약상은 KBS 특파원 리포트를 통해 안방에 생생히 전달되기도 했었다.

그리고 3달 뒤인 11월에는 예술인 4명으로 구성된 '폴 투 폴 코리아 예술인 남극 체험단'과도 동행하게 된다. 2004년에 이어 2006년 두 번째 남극 행에서 주어진 시간은 3주일. 남극의 모든 것을 체험하기에는 턱없이 짧은 기간이었지만, 기자의 눈으로 남극의 모습을 독자들에게 전달하기 위해서는 충분한 시간이 아니었나 생각한다. 동시에 나에게는 일생의 가장 소중한 경험으로 남을 듯하다.

나의 세 번에 걸친 극지 체험과 관련된 기획시리즈는 이미 내가 속해 있는 신문사의 지면을 통해 연재된 바 있다. 하지만, 제한된 지면에서 내가 경험할 수 있었던 모든 것을 담아내기란 애초에 불가능한 일이었는지도 모른다.

지금 쓰기 시작하는 이 책에서 나의 바람은 단 한 가지다. 내 눈에 보였던 극지, 내 손에 만져졌던 극지, 내 가슴으로 느꼈던 극지를 가장 생생하게 보여주는 것이다. 그리고 학생이든, 직장인이든 책을 접한 다양한 사람들이 극지에 보다 많은 관심을 가졌으면 하는 것이다.

나는 극지에 관한한 '이방인'이자 '아마추어'다. 평생을 극지 연구에 바쳐온 과학자들이 말하는 극지의 모습과는 아마 차이가 있을지도 모른다. 하지만, 극지에 대한 질문들에 답을 해줄 수 있는 그런 과학자들이 있기에, 나의 역할은 극지를 처음 접하는 사람들이 보다 많은 궁금증을 가질 수 있도록 하는 것이 아닐까.

주위 사람들에게 극지를 다녀왔다고 하면 반응은 하나같았다.

"평생 못 가볼 곳을 갔다 오셨네요. 춥지 않나요?"

그들의 질문처럼 극지는 춥다. 대부분의 사람들이 '극지는 추운 곳'으로만 알고 있다. 하지만, '추위'라는 단어가 극지의 전부를 표현하는 것은 아니다.

이 책의 목표라면 사람들이 극지를 떠올릴 때 적어도 서너 개 이상의 장면을 떠올리도록 하는 것, 그것이 내가 지금 컴퓨터 앞에 앉은 이유의 하나다.

그리고 비록 지금은 기자의 길을 걷고 있지만, 나는 몇 년 전까지만 하더라도 어릴 적 꿈꾸던 과학자에 대한 미련을 버리지 못했었다. 이 책은 어쩌면 그러한 나 자신에게 주는 '선물'이 될 것 같다. 꿈을 이루지는 못했지만, 그 꿈의 일부나마 실현할 수 있게 되었으니까.

마지막으로 이처럼 소중한 이력을 쌓을 수 있게 해준 극지연구소와 한국과학문화재단 측에 다시 한 번 감사드린다. 그리고 함께 활동했던 남북극 체험단원 모두와는 '극지에서 맺어진 인연'인 만큼 긴 세월 함께 할 수 있기를 기대한다.

김창덕

contents

북극 다산기지

contents

극지로 가는 길

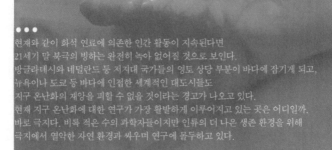

제1부

환경이 미래다

현재와 같이 화석 연료에 의존한 인간 활동이 지속된다면
21세기 말 북극의 빙하는 완전히 녹아 없어질 것으로 보인다.
방글라데시와 네덜란드 등 저지대 국가들의 영토 상당 부분이 바다에 잠기게 되고,
뉴욕이나 도쿄 등 바다에 인접한 세계적인 대도시들도
지구 온난화의 재앙을 피할 수 없을 것이라는 경고가 나오고 있다.
현재 지구 온난화에 대한 연구가 가장 활발하게 이루어지고 있는 곳은 어디일까.
바로 극지다. 비록 적은 수의 과학자들이지만 인류의 더 나은 생존 환경을 위해
극지에서 열악한 자연 환경과 싸우며 연구에 몰두하고 있다.

1
지 구 온 난 화 ,
세 계 가
긴 장 하 고   있 다

2007년 2월 2일, 프랑스 파리에서 발표된 보고서 하나에 세계의 눈과 귀가 집중되었다. 2001년 3차 보고서가 나온 뒤 6년 만에 모습을 드러낸 '기후변화에 관한 정부간 협의체(IPCC, Intergovernmental Panel on Climate Change)'의 4차 보고서 때문이다.

현재와 같이 화석 연료에 의존한 인간 활동이 지속된다면 21세기 말(2090~2099년)에는 지구 평균기온이 최대 6.4℃ 상승하고, 해수면은 평균 59cm 높아질 것이란 전망이다. 실제로 지난 100년간(1906~2005년) 지구의 평균기온은 0.74℃(0.56~0.92℃)나 올랐고, 1850년 관측 이래 가장 따뜻했던 12번 가운데 11번이 최근 12년 동안에 발생하는 등 지구 온난화는 더욱 가속화되고 있다.

이 보고서 대로라면 21세기 말 북극의 빙하는 완전히 녹아 없어질 것으로 보인다. 이에 따라 방글라데시와 네덜란드 등 저지대 국가들의 영토 상당 부분이 바다에 잠기게 되고, 뉴욕이나 도쿄 등 바다에 인접한 세계적인 대도시들도 지구 온난화의 재앙을 피할 수 없을 것이라는 경고가 나오고 있다.

세계 과학계는 이렇게 될 경우 세계 인구의 절반가량이 심각한 물 부족사태를 겪게 되고, 1억 명 이상의 환경 난민이 발생할 것으로 내다보고 있다. 게다가 폭염과 집중호우 등이 빈발하고, 태풍과 허리케인의 위력도 더욱 배가될 것이다.

다만 이 같은 사태에는 '현재처럼 화석 연료에 의존할 경우' 라는 단서가 붙었다. 인간 활동이 자연 친화적으로 바뀐다면 평균기온은 1.1℃, 해수면 상승도 18cm 정도에 그칠 것으로 전망된다는 것이다.

이번 보고서는 2007년 11월로 예정되어 있는 제27차 IPCC 총회에서 최종 발표될 제4차 보고서의 일부로서, 3개 실무 그룹 가운데 기후 변화의 과학 분야 담당 그룹에서 작성한 것이다. 여기에는 세계 130개국의 전문가 2,500여 명이 참여했고, 우리나라도 기상청의 권원태 기상연구실장이 힘을 보탰다.

보고서가 발표된 직후 지구촌 곳곳에서는 각종 경고음이 울리고 있다. 가장 관심을 끄는 대목은 2012년 만료되는 '교토의정서' 의 후속 조치다. 온실 가스의 실질적 감축을 골자로 하는 교토의정서는 1997년 마련되고도 난산 끝에 2005년 2월에야 발효되었다. 그러나 전 세계 화석 연료 사용량의 절반이 집중되어 있는 미국과 중국이 빠져 있어 사실상 실효성이 없다는 평가를 받아왔다.

하지만 미국도 현재 힐러리 클린턴, 바라크 오바마 등의 민주당 대선

남극 사우스셰틀랜드 군도의 작은 섬. 눈 속에 묻혀 있던 남극 지의류들이 모습을 드러냈다

후보들을 중심으로 환경친화적 정책에 대한 목소리를 내기 시작했다. 또 1,000회 이상 세계 강연을 다니며 환경위기를 역설했던 앨 고어 전 부통령은 2006년 〈불편한 진실〉이라는 다큐멘터리 영화까지 만들어 세계의 주목을 끈 바 있다.

물론, 이러한 노력들이 실제 정책으로 거듭나기 위해서는 넘어야 할 산이 높아 보인다. 최근 〈인터내셔널 헤럴드 트리뷴〉지는 미국이 "허리케인의 위력 증대가 온난화와 관련이 있다"는 문구를 빼기 위해 로비를 시도했다고 폭로했다. 〈가디언〉지도 미국의 석유기업 액손모빌의 지원을 받는 미국기업연구소(AEI)가 각국 과학자들과 경제학자들에게 "IPCC 보고서를 논리적으로 반박할 경우 1만 달러를 주겠다"는 제안을 했다고 보도했다.

인류를 먹여 살리는 '돈'의 힘 앞에 과연 '환경 보호' 슬로건이 얼마나 강하게 저항할 수 있을지 앞으로의 행보가 주목된다.

■■■ 2

한 반 도 도
기 상 이 변 으 로
몸 살 앓 을 . 듯

IPCC 보고서가 발표된 지 일주일 후, 우리나라 기상청도 2007년 기상에 대한 예측보고서를 내놓았다. 올 평균기온이 평년(12.4℃)보다 0.5℃ 높을 것이란 전망과 함께 초대형 태풍이나 이상기온 등의 기상이변이 빈발할 것이라는 게 요지다.

이제까지 평균기온이 가장 높았던 해는 13.6℃를 기록한 1998년이었고, 2006년의 경우 13℃로 5위에 올랐다. 세계 평균기온이 지난 100년간 0.74℃ 오르는 동안, 한반도의 기온 상승폭은 그 두 배가 넘는 1.5℃나 된다는 사실이 놀랍다.

이만기 기상청장은 정책브리핑을 통해 "우리나라의 겨울철이 1920년대에 비해 한 달 가량 짧아졌고, 100년 후에는 15일 더 단축될 것으로 예상된다"고 밝혔었다. 그러면서 올해가 기상 관측 이래 가장 따뜻한 겨울이 될 가능성을 시사했다. 겨울철 한파는 감소하고, 대신 대설 강도는 매우 강해질 것이라는 예상도 덧붙였다.

실제 최근 10년 동안 최저기온이 영하 10℃ 이하로 떨어진 날은 연간 1.9일로 평년(1971~2000년 평균)의 3.1일에서 1.2일이나 줄었다고 한다. 반면 봄(3~5월)에 여름 날씨(하루 평균기온 20℃ 이상)를 보인 경우가 연간 6.1일에서 8.1일로 2일이나 늘었다.

강수량도 늘었다. 최근 10년간 평균 강수량(1458.7mm)은 평년보다 10% 많았는데, 특히 여름철이 18%로 증가폭이 가장 크다. 그만큼 여름철 집중호우가 잦아졌다는 얘기다. 하루 80mm 이상 집중호우 발생 빈도는 최근(1996~2005년) 들어 연간 36.7일로, 50년 전의 23.5일보다 1.7배로 늘었다.

봄에는 황사가 더욱 기승을 부릴 것이라는 우울한 전망도 나왔다. 기상청 보고서를 보면, 서울의 평균 황사일수는 1980년대 3.9일, 1990년대 7.7일, 2000년 이후 12.8일로 증가속도가 매우 빠르다.

미 항공우주국(NASA)과 영국 기상청 등은 올 들어 일제히 100년만의 더위가 찾아올 것이라는 경고를 내놓고 있다. 우리나라 기상청의 발표를 놓고 보면 한반도도 예외가 아닌 셈이다. 아니, 어쩌면 지구 온난화로 인한 기후 변화가 한반도에서 더욱 뚜렷하게 나타나고 있는지도 모를 일이다.

■ ■ ■ ■ 　**3**

　극 지 에

　쏠 리 는

　세 계 적 인　관 심

　　현재 지구 온난화에 대한 연구가 가장 활발하게 이루어지고 있는 곳
은 어디일까. 바로 극지다. 비록 적은 수의 과학자들이지만 인류의 더
나은 생존 환경을 위해 극지에서 열악한 자연 환경과 싸우며 연구에
몰두하고 있다.

　　인간에 의해 극점이 정복된 것은 이제 100년 역사를 헤아릴 뿐이다.
인간의 발길이 그만큼 닿지 않았기에 극지가 현재까지도 지구 최고의
청정지역으로 남을 수 있었던 것이다.

　　이는 과학적으로도 매우 중요한 의미를 지니고 있다. 훼손되지 않은
자연일수록 지구에서의 환경변화가 가장 민감하게 나타나기 때문이
다. 오염원이 조금만 유입되더라도 극지에서의 피해 규모는 상상을 초
월한다. 100년간 지구 전체의 평균온도가 0.74℃ 상승하는 동안, 북극

북극 스발바르 군도의 뉘올레순 과학기지촌 인근에 있는 주다 섬에 노르웨이 관측소가 세워져 있다. 해안가를 뒤덮은 유빙들은 빙벽에서 떨어져 나온 것들이다

의 온도는 4~5℃ 상승한 것으로 과학자들은 추정하고 있다.

1950년대 이후 세계는 앞 다투어 극지 과학에 투자하기 시작했고, 수집된 데이터는 100년 뒤, 1000년 뒤의 지구 환경을 예상하는 중요한 척도로 사용되고 있다.

물론, 세계 열강들이 극지에 진출한 속내에는 과학적인 관심뿐만이 아니다. 막대한 경제적 잠재력을 지닌 극지에 대한 '이권 다툼'은 언젠가 현실로 나타날 것이다. 각국은 보다 유리한 고지를 선점하기 위해 점차 활동 폭을 넓혀가고 있다. 북극해에서는 북반구 선진국들이 주요 항로를 개척함은 물론, 원유탐사 시도도 잇따르고 있다. 공식적으로 드러내진 않지만, 지구의 마지막 '저장고'라 할 수 있는 남극의 지하자원에 대해서도 물밑작업이 한창 진행 중이다.

이처럼 극지 연구가 막대한 경제적 활동으로 이어질 수 있는 현실에서 우리나라의 행보는 어떨까. 우리나라는 이제 극지 진출 20년사를 써나가고 있다. 1988년 2월에 남극 세종과학기지를 개소했고, 2002년 4월에는 노르웨이 스발바르 군도의 뉘올레순 과학기지촌 입성(다산기지)에도 성공했다. 지지부진하던 쇄빙선 사업도 2004년 이후 속도를 내면서 2009년에는 첫 출항이 가능할 것으로 보인다. 남극 대륙기지 사업도 한 발짝 전진하고 있다. 이를 위해 2007년 2월 한국해양연구원 부설 극지연구소 연구원 2명이 러시아의 쇄빙선에 탑승해 후보지 선정을 위한 답사에 나서기도 했다.

하지만, 단기적 성과에만 목을 매고 있는 정부의 재원 지원은 여전히 인색할 따름이다. 50년 만에 찾아온 '국제 극지의 해(IPY, International Polar Year, 2007~2008)'에서도 우리나라의 역할은 초라하기 짝이 없

블리자드(눈보라를 동반한 강풍 현상)가 몰아치면서 하얀 눈으로 덮여버린 남극 세종기지

다. 이웃나라인 중국과 일본이 수년 전부터 예산을 편성하고, 다각도의 연구 활동을 벌이기 시작한 것과 비교하면 못내 아쉽기만 하다.

우리에게 극지는 그저 사진이나 다큐멘터리를 통해 볼 수 있는 아름다운 자연일 뿐이었다. 그러던 것이 2003년 12월 남극의 혹독한 바다에서 한 젊은 과학자(고 전재규 대원)의 희생을 계기로 국민적인 관심이 고조되었다. 하지만 그것 역시 잠시 한때였다. 과학자들이 "극지는 미래 한국의 젖줄 역할을 할 것"이라고 목소리를 높여봤지만, 메아리는 늘 공허하기만 했다. 1~2년 뒤가 아닌 10~20년, 나아가 100~200년을 바라보는 혜안이 아직 부족한 탓이다.

얼마 전 남극으로부터 반가운 소식이 들려왔다. 2007년 2월 2일 제1

차 남극 대륙 운석탐사단이 한 달간의 악전고투 끝에 남위 85도 부근의 티엘 산맥에서 운석 5개(200~400g)를 채집했다는 것이다.

운석은 보통 발견한 국가의 소유물이 되는데, 이미 수천 개의 운석을 보유한 미국 등 선진국들은 이를 우주 연구에 충분히 활용하고 있다. 탐사단이 발견한 운석들은 40~50억 년 전의 우주정보를 담고 있어 태양계 구성 물질은 물론, 지구의 초기 모습까지도 추정할 수 있는 근거를 제공할 것으로 기대되고 있다.

이러한 성과는 단순히 과학자들만의 '몫'으로 남는 것이 아니다. 세계 극지과학계의 '주류'로 올라설 수 있는 계기가 하나 더 마련된 셈이다. 체계적인 지원 아래 보다 많은 사람들이 열정을 가지고 극지로 향할 때, 그 시점이 바로 한국 과학의 미래가 한 단계 더 발전하는 날이 될 것으로 확신한다..

제 2부

북극 다산기지

....

전 세계 공업생산의 80%가 북위 30도 이북 지역에서 이루어지고 있다는 사실은
북극 연구가 왜 중요할 수밖에 없는가를 단적으로 설명한다.
하늘과 바다에 걸친 북극 항로 개발은 엄청난 경제효과를 기대할 수 있기 때문이다.
또한 북극권 환경변화는 한반도를 포함한 북반구 환경변화에 직간접적인 영향을 미친다.
더구나 조그만 변화에도 쉽게 영향을 받기 때문에
극지 환경 연구는 저위도 지방의 향후 환경변화에 대한 조기경보라는 점에서도 의미가 크다.

1

2 4 시 간
해 가
지 지 않 는 땅

노르웨이령 스발바르 군도의 스피츠베르겐 섬에 위치한 뉘올레순 과학기지촌(북위 78도 55분, 동경 11도 56분)은 4월부터 밤이 없는 '백야'가 계속되고 있었다. 때문에 과학기지촌 주변에서 야영에 들어간 '폴 투 폴 코리아 2006 북극 체험단' 단원 가운데 일부는 이미 안대를 챙기고 있던 터였다.

그러나 북극 다산기지의 터줏대감이나 다름없는 한국해양연구원 강성호 박사의 조언 한마디에 안대는 '사용금지 품목'으로 전락했다.

"여름에는 기지촌 주변에 북극곰이 나타나는 일이 드뭅니다. 그래도 혹시 모를 사태에 대비해서 잘 때 안대는 가급적 착용하지 마세요."

북극곰이 출현했을 때 최소한의 대응을 하기 위해서라도 시야 확보는 필수이다. 북극곰은 몇 해 전 우리나라 텔레비전에 탄산음료 CF의

북극 체험단은 뉴올레순 과학기지촌에서 도보로 15분 정도 떨어진 곳에 설치한 텐트에서 3일을
생활했다

주인공으로 등장해 우리에게 친숙해졌지만, 실상 그리 친절한 동물이
아니다. 걸음도 매우 빨라 짧은 시간이나마 최고 속도가 30km/h에 이
른다고 하니, 100m를 12초에 주파하는 속도다.

그래서 과학기지촌 연구원들은 주변지역을 탐사할 때 살상용 총기
휴대가 의무화되어 있다. 북극곰의 속도가 매우 빠른 만큼 맞닥뜨렸을
때 무조건 도망치는 것은 옳은 선택이 아니다. 국가 대표급 육상선수
가 아닌 이상에야 '삼십육계' 전법이 성공할 가능성은 희박하다.

조명탄 발사용 총기도 꽤 쓸모가 있다. 주의할 점은 조명탄을 쏠 때
북극곰을 직접 겨냥했다가는 되레 낭패를 볼 수 있다. 북극곰을 위협
하는 순간 더욱 위험에 빠질 수 있기 때문이다. 아래쪽을 겨냥하되 자
신과 북극곰 사이에 발사해야 북극곰이 놀라 도망치게 된다는 설명은

꽤 설득력이 있다.

내가 북극 체험단과 함께 야영하게 된 장소는 과학기지촌으로부터 걸어서 15분 정도 떨어져 있었다. 북극의 밤하늘을 훤하게 비춰주는 태양과 저 멀리 보이는 만년빙은 아무리 보고 있어도 질리지 않을 정도로 매력적이었다. 여기에 간간이 들려오는 북극여우의 울음과 제 짝을 찾아 헤매는 듯 구슬프기까지 한 극지제비의 소리는 야영의 묘미를 한껏 더해준다.

온도계는 영상 2℃를 가리키고 있었지만 다행히 침낭 속은 따뜻하다. 다음날이면 북극의 빙하에 자신만의 발자국을 남길 것이란 설렘과 약간의 긴장감 탓에 깊은 잠 속으로 빠져들기가 쉽지 않았다.

8월 14일, 북극에서의 첫날밤은 이렇게 흘러갔다.

뉘올레순 과학기지촌은 북극점에서 1,200㎞밖에 떨어져 있지 않지만, 걸프 난류의 영향으로 여름에는 기온이 영하로 내려가는 일이 거의 없다. 게다가 운이 좋을 경우에는 황량한 자연에서 악착스럽게 꽃을 피워낸 극지 식물들도 카메라에 담을 수 있다. 제대로 된 뿌리도 없이 조그만 잎사귀 하나만 달랑 남은 식물들도 허다하다. 이런 식물들 중에는 따뜻한 지역에서 수십 미터씩 자라는 종도 있다. 씨가 이곳 북극까지 날아왔지만, 지표에서 30㎝부터 얼어 있기 때문에 최소한의 생존 방법을 택한 것이다.

생명은 정말 소름끼칠 정도의 신비함을 가졌다. 이런 모습은 '하얀 세상'을 기대했던 사람에겐 다소 민숭민숭할 수도 있을 터이다. 그러나 북극의 여름은 겨울과는 또 다른 맛이 있다.

현재 북극에서는 지구 온난화 연구가 한창이다. 육지의 빙하는 매년

주다 섬의 키다리 북극식물(학명 Saxifraga hieracifolia, 10~20㎝)과 북극제비갈매기

눈에 띌 만큼 후퇴를 거듭하고 있고, 10㎞만 보트를 타고 나가면 수십 년 만에 모습을 감춰버린 해빙(바다가 얼어서 만들어진 빙하)의 잔해들을 발견할 수 있다. 실제 1970년대 초반부터 북극해 중앙부의 해빙 두께는 30% 이상 감소됐고, 북극 얼음의 면적도 10년마다 4%씩 줄어들고 있다는 사실은 이미 보고된 바 있다.

　과학자들은 이렇듯 빠른 속도로 녹아내리는 빙하는 북극 생태계에 심각한 악영향을 끼칠 뿐 아니라 장기적으로는 해수의 흐름을 막을 수도 있다고 경고한다.

　극지에서의 연구가 당장 '돈벌이'가 될 수는 없겠지만, 먼 미래에 인류가 생존하기 위한 첫걸음이라는데 동의하지 않는 이는 아무도 없다. 사람이 살고 있는 곳 중 최북단이라는 뉘올레순에서 세계가 '소리없는 과학 전쟁'에 돌입한 것도 그 때문이다.

노르웨이 령인 스발바르 군도

스발바르 군도의 스펠링은 'Svalbard' 다. 노르웨이어는 바로 앞 모음이 장음인지 단음인지에 따라 'd' 의 묵음 여부가 결정되는데, 여기서는 묵음으로 간주해 스발바르가 정확한 발음이다. '차가운 해변의 땅' 이라는 뜻의 이름을 가진 이 군도는 9개의 주요 섬으로 구성되어 있는데, 가장 큰 섬은 뉘올레순 과학기지촌이 있는 스피츠베르겐 섬이다.

스발바르 군도의 면적은 남한의 약 60% 크기인 6만 2,050㎢. 이 가운데 빙하가 차지하는 면적은 전체의 60%에 해당하는 3만 6,600㎢다. 이 군도의 빙하들은 대부분 3000~4000년 정도 된 것으로 알려져 있다.

스발바르 군도의 빙하는 세 가지 종류로 구분한다. 주로 동쪽 섬에 위치하는 '아이스 캡스(Ice Caps)', 남동쪽의 '스피츠베르겐 타이프 글래시어즈(Spitsbergen-type glaciers)', 중앙의 '밸리 글래시어즈(valley glaciers)' 가 그것이다.

이 군도에 인간의 손길이 닿은 것은 약 400년 전이라고 한다. 북극해에서 고래사냥을 하던 이들이 처음으로 발자취를 남겼고, 1750년 이후부터는 탐험가들의 활동이 이어졌다. 그리고 지난 100년간은

스발바르 군도의 롱위에아르뷔엔에 있는 스발바르 박물관

광업과 사냥이 주로 이루어져 왔다.

이곳에는 지의류와 육상식물 170여 종이 분포하고, 160여 종의 조류가 서식한다. 바다에는 1,800종에 달하는 해양 무척추 동물이 사는 것으로 알려져 있고, 포유류 중에서는 북극곰과 북극여우, 순록, 바다표범, 고래, 해마 등이 주종을 이룬다.

스발바르 군도는 1920년 2월 9일 맺어진 '스발바르 조약'에 따라 노르웨이가 통치권을 얻었다. 이 조약은 1925년 8월 14일부터 효력을 가졌다. 뉘올레순은 북극점으로부터 1,231㎞ 떨어져 있다. 이곳은 북극의 관문 역할을 하고 있는 롱위에아르뷔엔에서 107㎞ 더 북쪽이고, 노르웨이 수도인 오슬로까지는 2,420㎞ 떨어져 있다.

뉘올레순은 가장 춥다는 2월의 평균온도가 영하 14℃까지 내려가지만, 한여름에 해당하는 7월 평균기온은 영상 5℃까지 올라간다. 북극 지방인 이곳에서 영상의 기온이 가능한 것은 아메리카 대륙에서 올라오는 걸프 난류(멕시코 난류) 때문이다.

2
지 구
온 난 화
현 장 보 고 서

1. 거대한 빙벽의 후퇴

"30년 전 지도에는 이곳이 빙하로 뒤덮여 있는 것으로 나타나 있습니다. 그런데 지금은 그 빙하가 감쪽같이 사라지고 없지요."

뉘올레순 과학기지촌에서 보트를 타고 킹스베이 만을 가로질러 30여 분을 달렸을까, 거리로는 10㎞ 남짓 떨어진 해안가에 수십 미터 높이의 거대한 빙벽이 수㎞에 걸쳐 펼쳐져 있다. 콩스피요르드 빙하다.

근처 바다는 이 빙벽으로부터 떨어져 나온 유빙들이 잔뜩 떠다니고 있었다. 강성호 박사의 설명대로라면 눈앞에 나타난 빙벽은 30년 전보다 1㎞ 이상 후퇴한 셈이다. 지구 온난화는 이렇듯 빠른 속도로 북극의 지도를 새롭게 바꿔 놓고 있었다.

뉴올레순 과학기지촌 인근에 위치한 콩스피요르드 빙벽

　바다를 떠다니는 유빙들은 북극의 햇빛을 받아 아름다운 자태를 뽐
낸다. 평평한 유빙 위에는 잠시 휴식을 취하는 물개들도 심심찮게 발
견할 수 있다.

　그렇지만 이 아름다운 유빙들은 결코 따뜻한 이야기를 전하고 있는
것이 아니다. 유빙이 많다는 것은 곧 북극에서 빠른 속도로 빙하 후퇴
(빙하가 녹으면서 바다로부터 멀어지는 현상)가 진행되고 있다는 것을
의미한다. 실제 갖가지 모양의 유빙 중 일부는 흙빛을 잔뜩 머금고 있
기도 하다. 이는 땅과 맞닿아 있던 부분이 토사와 함께 떨어져 나온 것
이다. 차가운 바람에 왠지 모를 음습한 기운마저 전해오는 것도 이 때
문이다.

　앞으로 수십 년 뒤 이곳을 다시 찾았을 때는 저 거대한 빙벽 아래 숨
겨져 있던 대지의 속살이 또 얼마나 드러나 있을지 모를 일이다.

◉ 북극 체험단이 거대한 육상 빙하를 오
르고 있다.

◉ 육상 빙하의 말미는 지난 4년 사이에
10m 이상 잘려나갔다.

◉ 해상 빙벽으로부터 떨어져 나와 바다를
헤매는 아름다운 유빙

최근 빙하가 어느 정도 후퇴했는지는 극지식물 분포로 쉽게 추정해 볼 수 있다. 빙하 아래에 있다 최근 수십 년 사이 새롭게 드러난 땅에는 아직 아무런 식물도 자라지 못한다.

반면 훨씬 오래 전부터 햇빛을 받았던 땅에서는 식물들이 자라기 시작하면서 얼핏 보더라도 다른 색깔을 띠고 있다. 물론 식물이라고 해봐야 1cm나 될 듯한 '꼬마' 들이 대부분. 그렇지만 이들이 빙하 후퇴를 관찰할 수 있는 중요한 단서를 제공하는 셈이다.

킹스베이 만 가운데 자리한 섬에서는 조그만 동굴들을 쉽게 발견할 수 있다. 빙하로 덮여 있을 당시 지반이 약한 부분을 얼음이 뚫고 들어가면서 생겨난 것이다. 이들 역시 빙하 후퇴로 인해 세상에 모습을 드러냈다.

2. 지구의 위기 '전주곡' 인가

지구 온난화로 인해 빙하가 녹아내리는 현장을 목격할 수 있는 것은 비단 해안가만이 아니다. 육상에 자리한 빙하 또한 빠른 속도로 후퇴를 거듭하고 있는 것은 마찬가지다.

여름철인 7~8월경 뉘올레순 과학기지촌에서 가장 가까운 육상 빙하는 5km 정도 거리에 있다. 그리 멀지 않은 듯하지만 가는 길은 꽤나 험난하다. 온통 자갈밭인 데다 10~20m 높이의 언덕이 계속되는 탓에 빠른 걸음으로도 왕복 4~5시간이 족히 걸린다.

게다가 기지에서 빙하까지 가려면 '샛강' 을 두 번 건너야 한다. 섬

안쪽의 빙하가 녹은 물이 바다로 흘러 내려가면서 형성된 흙탕물이다. 샛강은 너비 2m 정도에 깊이도 50㎝를 넘지 않았다. 그렇지만 결코 만만한 상대가 아니다. 아무리 여름이라 하더라도 북극이 아닌가.

영상을 조금 웃도는 기온에다 매섭게 부는 바람까지 감안한다면 자칫 호기를 부리다 낭패를 볼 수도 있다. 신발을 신은 채 물에 젖는 것만큼은 피해야 하기에 아예 맨발로 낮은

수온(2~3℃)을 견디는 편이 낫다. 아니면 주위에 있는 돌로 임시 다리를 놓는 정도의 수고는 피할 수 없다.

이 샛강을 통해 바다로 유입되는 토사 또한 엄청난 양에 이른다는 게 현지 과학자들의 설명이다. 실제 뉘올레순 과학기지촌 앞바다는 상상처럼 청초한 '바다색'이 아닌 회색에 가깝다. 얼마나 많은 토사가 바다로 유입되고 있는지 알 수 있는 대목이다. 이처럼 대규모 토사 유입이 가속화할 경우 북극해의 해양 생태계에도 심각한 영향을 끼칠 수 있다.

2004년 남극 세종기지 월동대장을 지냈던 극지연구소 윤호일 박사는 "지구 전체 온도가 상승하는 동안 특히 북극 빙하가 녹는 속도가 매우 빨라지고 있다"며 "이렇게 얼음이 녹아 바다로 흘러 들어가면 북해의 밀도를 낮추는 결과를 낳을 것"이라고 예상했다.

그는 또 빙하가 녹으면서 바다로 흘러 들어간 대규모의 토사가 식물 플랑크톤에서 북극곰에 이르는 북극 생태계를 송두리째 변화시킬 수 있다고 경고한다.

마지막 언덕을 넘는 순간 육상 빙하의 끝자락에 섬뜩한 모습의 '아가리'가 드러난다. 강성호 박사가 2002년 당시 목격했다는 빙하 위치

여름이 되면서 기온이 영상으로 올라가자 육상 빙하 곳곳에 물줄기가 흘러내리고 있다

를 가리켰다. 어림잡아 너비 수백 미터에 이르는 빙하의 꼬리가 4년 만에 10여 미터나 줄어들었다. 그리고 그 속도는 점차 빨라지고 있다는 것이 과학기지촌 사람들의 공통된 의견이다.

산봉우리와 산봉우리 사이로 끝없이 펼쳐진 빙하 표면에서는 지금도 얼음이 쉴 새 없이 녹아내리고 있었다. 이렇게 만들어진 작은 물길들은 빙하 표면에 무수한 칼자국을 만들었다. 몸을 엎드려 만년빙이 녹은 물을 맛볼 수도 있다.

'시원하다'는 첫 느낌에 이어지는 오묘한 맛은 아마도 이 물이 수백 ~수천 년 전 생성된 것임을 이미 알고 있기 때문이리라. 이 생소한 느낌을 맛보고 난 뒤 휴대하고 있던 보온병을 비워 북극의 물을 담느라 바빠지는 것은 당연한 수순이었다.

굶주린 북극곰들이 동족을 사냥하는 사례가 최근 들어 심심찮게 보고되고 있다. 지구 온난화의 영향으로 먹잇감이 부족해지자 생존을 위한 최후의 선택을 하고 있다는 것이다.

2006년 6월 〈극지 생물학〉지에서는 2004년 1~4월 알래스카 북부와 캐나다 서부 지역에서 북극곰의 동족 포식이 3차례나 발견됐다는 연구보고서가 발표됐다. 이 가운데 한 건은 갓 새끼를 낳은 어미 곰이 몸집이 두 배나 큰 수컷에 의해 굴에서 끌려나와 잡아먹힌 최초의 사례였다. 살점이 뜯겨나간 새끼 곰의 사체 역시 북쪽으로 125km 떨어진 지점에서 발견됐다.

북극곰의 동족 포식은 1999년 노르웨이령 스발바르 군도에서 처음 보고된 바 있다. 이후 러시아에서도 북동 해안 야쿠츠크에서 활동하는 세계야생동물기금(WWF) 연구팀에 의해 북극곰들 사이에 동족 포식 장면이 포착된 적이 있다.

북극곰들은 평소 고리무늬물범을 주식으로 하며, 먹이 사냥과 짝 짓기, 새끼 낳기 등에 모두 바다를 떠다니는 유빙을 이용한다. 그러나 최근 지구 온난화로 인해 유빙이 없는 계절이 길어지고, 빙산과 빙산 사이가 멀어지자 사냥을 하지 못해 굶주리고 있다는 분석이다.

미국 지질학연구단 알래스카 과학센터의 스티븐 앰스트럽 박사팀은 2004년 북극곰 148마리를 관찰한 결과 절반 가까이가 영양부족 상태였다고 밝혔다. 이에 따라 캐나다 서부 지역에서는 먹이를 찾아 남쪽으로 내려온 북극곰들이 민가의 쓰레기통을 뒤지는 장면도 쉽게 관찰되고 있다.

이에 앞선 2005년 12월 18일, 영국의 〈더 타임스〉는 기후 변화로 북극의 빙붕이 녹으면서 북극곰들이 익사하고 있다고 보도했다. 미

지구 온난화로 가장 큰 피해를 보고 있는 북극곰

국 광물관리국의 해양생태학자 찰스 모네트 박사 연구보고서에 따르면 그 해 9월 알래스카 북부 해역에서 헤엄치던 북극곰 40마리 중 4마리가 익사한 채 발견됐다는 것이다.

　모네트 박사팀은 1986년부터 2004년까지 알래스카 외해에서 헤엄치는 북극곰은 전체의 4%에 불과했고, 빠져 죽은 경우는 단 한 건도 보고되지 않았다고 밝혔다. 그러나 2005년 여름에는 관찰대상이 된 북극곰 중 20%가 외해에서 헤엄치는 장면이 발견됐고, 이들은 최고 100㎞를 헤엄쳤다고 공개했다. 예년보다 빙붕이 훨씬 광범위하게 녹으면서 북극곰이 더 먼 거리를 헤엄치게 됐다는 것이다.

　학계에서는 북극곰이 20여㎞는 쉽게 헤엄치고, 일부는 최고 160㎞까지도 수영이 가능한 것으로 알려져 있다. 그러나 거리가 100㎞ 이상으로 늘어나면 탈진과 저체온증을 겪으면서 높은 파도를 이겨내지 못할 가능성이 높다고 과학자들은 전한다.

　〈더 타임스〉 보도에 따르면 현재 북극권 내 20개 곰 서식지에는 약 2만 2,000마리의 곰이 살고 있지만, 점차 개체 수가 줄어들고 있다는 증거가 나오고 있다. 미국 지질학연구단(USGS)과 캐나다 야생동물국은 1987년 1,194마리였던 캐나다 허드슨 만 지역의 북극곰 수가 2004년에는 935마리로 22%나 줄었다는 보고서를 발표하기도 했다.

3. 세계 과학계도 초긴장

　2001년 '기후변화에 관한 정부 간 패널(IPCC)'의 3차 보고서는 21세기 지구 평균기온이 최대 5.8℃ 상승하고, 해수면이 88cm까지 올라갈 것이라고 경고한 바 있다. 당시 이 패널에는 세계에서 3,000여 명의 과학자가 참석했다. 그리고 2007년 2월 발표된 IPCC 4차 보고서는 평균기온 상승이 최대 6.4℃까지 이를 것으로 예상했다. 6년 만에 상승온도 폭에 대한 분석결과가 0.6℃나 증가한 셈이다.

　이 같은 과학자들의 경고는 결코 과장이 됐다거나 먼 미래의 이야기가 아니다. 실제 2002년 남태평양에 위치한 투발루는 해수면 상승으로

IPCC 3차 보고서, 2001

Global Mean Surface Temperature Anomaly 1860-2002

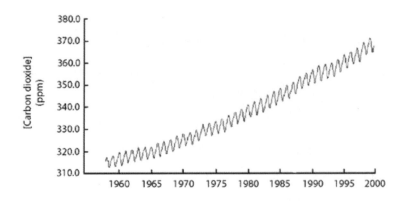

킬링(Keeling)이 미국 하와이 Mauna Loa에서 관측한 이산화탄소 농도 추이

땅이 잠식되면서 전 국민(1만 1,000여 명)이 뉴질랜드로 집단이주를 결정하기도 했다.

IPCC의 4차 보고서에 따르면 2005년 지구의 평균 지표 온도는 100년 전인 1906년보다 0.74℃ 상승했다. 과학자들은 이 같은 지구 기온 상승의 가장 큰 원인으로 산업화에 따른 이산화탄소 배출 급증을 지목하고 있다.

미국의 찰스 데이비드 킬링 박사는 1958년부터 하와이 마우나로아 화산에서 이산화탄소 농도 변화를 지속적으로 측정했다. 그 결과 지난 50년간 이 '온실 가스'의 증가세는 놀랄 만큼 빠른 것으로 나타났다. 1958년 315ppm이었던 이산화탄소 농도는 2006년 380ppm을 넘었으니 48년 만에 20% 이상 농도가 짙어진 것이다. 이 이산화탄소 농도 중

컨베이어벨트 이론에 따른 세계 해류순환도

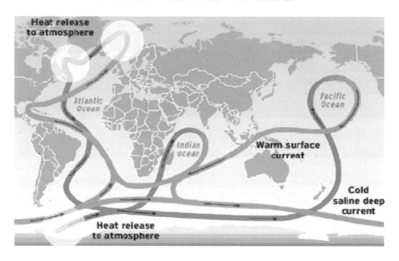

가 그래프는 '킬링 커브'로 불린다. 온실효과의 상징과도 같은 '킬링 커브'는 현재 세계 기후학계에서 가장 중요하게 여겨지는 연구 결과다.

　북극에서의 기후변화는 지구 전체 평균보다 훨씬 심각한 상황이다. 과학자들은 100년 동안 지표 온도가 0.6℃ 오르는 사이 북극에서는 4~5℃가 상승했을 것으로 추정하고 있다. 이에 따라 북극 빙하가 녹는 속도가 눈에 띌 정도로 빨라졌다는 것이다. 또한 극지의 눈과 얼음이 녹게 되면 지표에 흡수되는 태양 에너지의 양이 급격히 증가하므로 온난화가 가속되는 '악순환'이 계속되게 된다. 이렇게 극지에서는 온난화의 징후가 보다 뚜렷이 나타나기에 뉘올레순 과학기지촌이 위치한 스발바르 군도 주변은 지구 온난화 연구의 '전초기지' 역할을 하는 것이다.

 그리고 북극 지방이 기후학자들로부터 주목받는 또 다른 이유가 있다. 모든 바다가 하나의 벨트처럼 순환하고 있다는 '컨베이어벨트 이론'이 그것이다.

 '컨베이어벨트 이론'에 따르면 북해까지 올라온 걸프 난류는 북극의 찬 기운에 의해 차가워지면서 스발바르 군도 인근의 그린란드 해역에서 심해로 가라앉는다. 전 세계의 해류는 하나의 벨트처럼 모두 연결되어 있는데, 북극해에서의 움직임은 남극 웨들 해 인근과 함께 전체 해류 순환의 '모터' 역할을 담당하고 있다. 그런데, 북극에서 빙하가 급격히 녹아내리면 바닷물의 밀도가 낮아져 해류 순환체계에 '이상'을 야기할 수 있다는 것이다. 궁극적으로는 북반구를 시작으로 지구 전체의 기후에 심각한 영향을 끼칠 수 있다.

 이 같은 이론을 어디선가 들어본 것 같다면, 아마 2005년 개봉작인 〈투모로우〉를 본 사람이 아닌가 한다. 지구 온난화로 인해 북반구에 갑작스런 빙하기가 찾아온다는 설정인 이 영화가 바로 '컨베이어벨트 이론'에 근거하고 있다. 물론 수백~수천 년에 걸쳐 이뤄질 상황을 단 며칠로 축소하는 영화적 상상력이 동원됐지만, 이론적 근거만큼은 꽤 충실했던 셈이다.

■■■ 3
최 북 단 에 서 의
과 학
전 쟁

1. 사람이 사는 최북단, 뉘올레순

뉘올레순 과학기지촌은 노르웨이 국적의 사설 기업인 킹스베이 사(社)가 운영하고 있다. 1968년 노르웨이 기지가 처음으로 들어섰고, 이후 독일(1990년), 일본(1991년), 영국(1992년), 이탈리아(1997년), 프랑스(1999년), 한국(2002년), 중국(2003년) 등이 차례로 진출했다.

이곳에 진출한 각국의 과학기지는 킹스베이 사에 임대료(우리나라 다산기지의 경우 연간 5,000만원 정도)를 지불하고, 식사와 세탁 등 모든 편의시설을 제공받고 있다.

8개국 중 연구 인력이 1년 내내 상주하는 곳은 노르웨이와 독일뿐이다. 각국의 과학자들은 기지 방문 때마다 킹스베이 사에 신고를 해야

경비행기에서 내려다 본 뉘올레순 과학기지촌. 사진 가장 앞쪽 두 개의 붉은 건물 중 왼쪽에 우리나라의 다산기지가 있다

하고, 머무르는 기간만큼의 식사비를 따로 정산해야 한다(한 끼당 2만 원 정도가 지불되는데, 먹지 않아도 매 끼니마다 식비가 청구된다).

기지를 임대한 나라는 8개국이지만, 실제 연구 활동을 벌이는 나라는 20여 개국이다. 2005년의 경우 이들의 총 연구일수는 1만 일에 달했다는 것이 킹스베이 사의 설명이다. 킹스베이 사의 상주 직원은 모두 23명인데, 이들은 보통 3년씩 과학기지촌에 머무른다.

뉘올레순은 원래 1917~1963년 탄광촌이었던 지역이다. 그래서 과학기지촌에는 광산박물관과 당시 사용됐던 화물용 기차도 전시되어 있다. 20세기 초반으로 거슬러 올라가면 뉘올레순은 남극점 최초 정복자인 로알 아문센(Roald Amundsen, 1872~1928)의 탐험기의 주요 배경이 된 곳이기도 하다. 아문센은 1926년 이곳에서 기구를 타고 출발, 북

연도	국가	기지명
1968	노르웨이	노르웨이북극연구소
1988	노르웨이	제펠린연구소
1990	독일	AWI
1991	일본	NIPR
1992	영국	NERC
1997	이탈리아	DIRIGIBLE
1999	프랑스	IPEV
2002	한국	다산기지
2003	중국	황하기지

자료 : 킹스베이사

극점을 지나 알래스카까지 횡단에 성공했었다.

뉘올레순 과학기지촌은 지리적, 환경적 여건이 극지 과학 활동에 가장 이상적인 곳으로 꼽힌다. 오드바르 미트케우달 소장은 "뉘올레순은 사람이 살고 있는 최북단의 장소이지만, 걸프 난류의 영향으로 따뜻한 환경을 가지고 있다"며 "인공위성을 발사하기에도 최적의 조건을 갖추고 있으며, 세계적인 기상관측소도 있다"고 소개한다.

2. 극지 과학자들의 믿을 수 없는 끈기

뉘올레순 과학기지촌에서 가장 활발히 진행되고 있는 연구는 생물과 기상, 지질, 해양 등의 분야다. 세계의 과학자들은 때로는 공동 목적을 위한 협력으로, 때로는 경쟁을 통해 이곳 극지를 뜨겁게 달구고 있다.

북극에서 내가 처음 만난 외국인 과학자는 네덜란드인 마르턴 루넌 연구원이었다. 그는 매우 쾌활한 성격의 소유자였다. 손수레를 끌고 어디론가 향하던 그에게 현재 어떤 연구를 진행 중인지 설명을 부탁했다. 그러자 루넌 연구원이 갑작스레 부산을 떨기 시작했다. 한 건물로 들어가 네덜란드 국기를 가지고 나오더니 현관에 정성스레 게양한다. 노란 색깔의 네덜란드 전통 나막신으로 갈아 신고서야 "준비완료"를 알렸다. 재미난 애국심의 표현이다.

네덜란드 과학자들은 뉘올레순 과학기지촌에서 활발한 연구 활동을 펼치고 있지만, 기지 건물은 임대하고 있지 않다. '더부살이'를 한다는 아쉬움의 표현이었을까, 루넌 연구원은 방문자가 있을 때마다 이런 식으로 남의 건물을 네덜란드 기지인 양 꾸민 뒤 사진촬영 등에 응한다고 했다.

그의 주된 관심사는 거위와 북극여우다. 그가 처음 이곳에서 연구를 시작했던 1980년대에는 거위 수가 1만 5,000마리나 됐는데, 지금은 4,000마리 정도밖에 남지 않았다고 한다.

개체수가 점차 줄어들자 거위의 새로운 보호대책을 세웠다는 루넌 연구원의 설명이 이어졌다. 거위가 자신의 새끼만 보호하는 것이 아니라, 떼를 지어 다니며 북극여우로부터 다른 거위의 새끼까지 함께 보호하고 있다는 것이다. 뉘올레순 과학기지촌 인근에 서식하는 북극여우는 모두 40마리 정도. 이 중 9마리는 루넌 연구원이 꼬리에 표식을 붙여 면밀한 관찰대상이 되고 있다.

루넌 연구원 옆에서는 이제 12살인 아들 윌리엄이 바짝 붙어 떨어지지 않는다. 윌리엄은 3주 전, 어머니와 함께 뉘올레순으로 들어왔다고 한다. 어머니는 곧바로 집에 돌아갔고, 윌리엄은 며칠 뒤 아버지와 함께 고국행 비행기를 탈 것이라고 했다. 윌리엄에게는 북극이라는 생소한 자연환경에서 20년 넘게 이어져온 아버지의 연구 활동을 직접 경험한 아주 특별한 여름방학으로 기억될 터이다.

루넌 연구원은 극지식물에 대한 연구도 병행하고 있다. 루넌 박사가 소개한 자신만의 '야외 실험실'은 웃음이 터져 나올 만큼이나 소박하다. 1㎡ 넓이의 땅을 두른 20센티미터 높이의 철망이 유일한 설치물이다. 순록이나 거위가 실험대상인 식물을 뜯어먹지 못하도록 철망을 둘러놓은 것이다.

곧바로 이어진 이 과학자의 설명에 나지막한 탄성을 지를 수밖에 없었다.

"이 우리는 1991년 제가 직접 설치한 것입니다. 15년간 우리 안의 식물 생태계를 연구하고 있죠."

15년이라니! 아들 윌리엄의 나이보다 훨씬 더 긴 시간 동안 이 조그만 우리 안을 들여다보고, 또 들여다봤을 루넌 연구원의 열정에 저절로 고개가 숙여졌다.

사실 극지방의 식물들은 워낙 자라는 속도가 더디다 보니 자연 그대로의 상태를 연구하기란 그리 쉬운 일이 아니다. 그래서였을까, 루넌 연구원과 같은 끈기는 이튿날 만난 또 다른 네덜란드 연구원에게서도 발견할 수 있었다.

마르턴 루넌 연구원이 15년째 북극식물 생태를 연구하고 있는 간이 우리

　암스테르담 대학의 교수인 옐터 로제마 박사의 실험은 과학기지촌
에서 도보로 30분쯤 떨어진 곳에서 이루어지고 있었다. 육각 모양을
한 1㎡ 넓이의 비닐 울타리 20여 개는 로제마 박사의 '보물 1호'와도
같은 존재다. '지구 온난화가 생태계에 미치는 영향' 이 그의 실험 주
제다.

　비닐 울타리들은 허술해 보이는 외양과는 달리 상당히 과학적으로
설계된 장치였다. 울타리 안쪽은 바깥보다 평균 2~3℃ 정도 높은 기
온을 유지한다. 지난 100년간 지구 평균기온이 0.6℃ 올랐다는 점을 감
안한다면 지구 온난화 연구에는 충분한 조건이다.

　연구 대상은 '북극 벨헤더(Arctic Bellheather)' 란 식물이다. 이 식물
은 독특한 향을 내뿜기 때문에 순록이 싫어한다. 연구를 진행하는데

지구온난화에 따른 북극식물의 변화를 연구하기 위해 옐터 로제마 연구원이 설치한 비닐 울타리

기후 외적인 영향을 피할 수 있다는 것은 더할 나위 없이 좋은 조건이
다.

　로제마 박사는 7년 전부터 이 연구에 매달리고 있지만 아직 이렇다
할 성과는 얻지 못했다고 한다. 그러나 그는 지금 당장보다 수십 년 뒤
를 내다보고 있었다. 30년간의 데이터를 모으면 의미 있는 패턴을 찾
게 될 것으로 그는 기대하고 있었다.

　40대 중반쯤으로 보이는 로제마 박사는 "여생을 극지 연구에 바치겠
다"는 각오를 이렇듯 담담히 말하고 있었던 것이다.

　뉘올레순 과학기지촌 앞의 킹스베이 만. 너비가 12~13㎞에 이르는 이 만의 작은 섬들 가운데 과학기지촌 사람들에게 '버즈 아일랜드(Birds Island)'라 불리는 곳이 있다. '주다 섬'이다. 이 섬에는 극지제비와 극지갈매기 등 수 많은 새들이 서식하고 있다.

　극지는 식물이 성장하기 힘든 환경을 가졌다. 북위 80도에 가깝다 보니 일 년 가운데 8~9개월은 눈으로 덮여있고, 여름이 되어도 평균 기온이 5℃를 넘지 못한다.

　땅은 지표에서 수십㎝만 내려가도 온통 얼어 있다. 때문에 대부분의 식물들은 제대로 뿌리를 내릴 수도, 줄기를 키워낼 수도 없다. 물론, 7~8월의 여름 동안에는 갖가지 식물들이 아름다운 꽃을 피워내지만, 그때 잠깐 뿐이다.

　식물들은 보통 새들이나 순록의 배설물이 떨어진 곳을 중심으로 자란다. 최소한의 영양분이 보장된다는 것은 생존의 첫 번째 조건이다. 그리고 식물들이 자리 잡은 곳에 동물들도 모이게 된다. 이곳에서도 그렇게 나름의 생태계는 순환하고 있다.

　북극해에는 20~30종의 물고기와 플랑크톤 같은 물벼룩 40종 등 극히 제한적인 생물만이 살고 있다. 육지에서는 먹이사슬의 꼭짓점에 있는 북극곰과 북극여우, 눈토끼, 순록, 늑대, 물개, 해표 등이 북극의 주인 행세를 하고 있다.

　북극곰은 대부분의 삶을 얼음 위에서 지낸다. 날카로운 이빨과 발톱을 가지고 있고, 주식은 물개나 바다사자 등이다. 수컷은 보통 500㎏ 이상 나가지만, 암컷은 그 절반 정도밖에 안 된다. 수명은 25~30년이 보통이다.

　북극여우와 순록은 과학기지촌 주변에서도 흔히 볼 수 있다. 북극

다산기지 바로 앞에서 발견한 북극여우(왼쪽)와 순록(오른쪽)

여우는 여름보다는 겨울에 훨씬 어여쁘다. 갈색과 회색이 섞여 있는 여름과 달리, 겨울에는 눈 색깔에 맞춰 새하얀 보호색으로 탈바꿈하기 때문이다(수가 적기는 하지만 겨울에 약간의 푸른 빛깔을 띠는 종류도 있다).

북극여우는 체중이 3~4kg으로, 붉은여우보다는 좀 작고, 성장한 고양이와 비슷한 크기다. 대부분 3~년밖에 살지 못하는데, 13~15년이나 사는 개체가 발견된 적도 있다.

스발바르 군도에 사는 순록은 다른 야생 순록보다 훨씬 강한 다리와 두꺼운 외겹을 가지고 있다. 물론 추운 지방에서 잘 견뎌내기 위함이다. 암컷은 6월 초에 한 번 새끼를 낳는데, 그 해 겨울까지만 새끼를 돌본다. 평균 수명은 9년.

과학기지촌에 나타나는 순록들은 어느새 사람들에 익숙해진 것 같았다. 초식동물의 특성상 사람을 매우 경계할 법한데, 그리 무서워하는 기색이 없다.

3. 극지 연구의 선구자, 독일

독일의 극지·해양연구원의 이름 AWI는 알프레드 베게너(Alfred Wegener, 1880~1930)의 이니셜을 딴 것이다. 베게너는 지구과학계에서 발상의 전환을 가져온 선구자이자 포기를 모르는 탐험가였다. 1915년 대륙이동설을 최초로 제안한 '대륙과 해양의 기원'은 당시 지질학계를 발칵 뒤집어 놓았지만, 실제 정설로 받아들여진 것은 베게너가 죽은 지 30년이 훨씬 지나서였다.

베게너가 대륙이동설을 생각해낸 것은 1910년 1차 북극 탐험을 다녀온 직후였다. 전 세계 대륙은 애초 하나의 초 대륙이던 '판게아(Pangaea)'가 쪼개져 생성된 것이라는 그의 가설은 당시 혹독하리만큼 냉소적인 평가를 받았다.

베게너는 자신의 가설을 입증하기 위해 북극과 그린란드의 얼음 벌판으로 수차례 탐험을 마다하지 않았다. 그러나 자신의 50번째 생일날이었던 1930년 11월 1일 그린란드 원정에 나선 베게너는 이듬해 싸늘한 주검으로 발견됐다.

독일은 이렇듯 자국의 위대한 과학자이자 탐험가를 기리고 있다. 마치 우리나라가 북극 과학기지 이름에 조선 실학파의 선구자 정약용(1762~1836)의 호 '다산(茶山)'을 붙인 것처럼.

독일 AWI 북극기지는 프랑스와 합동으로 운영하고 있는데 '자기네 땅'에 세워진 노르웨이 기지를 제외할 경우 뉘올레순에서 유일하게 1년 내내 상주인원을 두고 있다. 월동대원은 기지대장을 포함해 독일인이 2명이고, 프랑스인이 1명이다. 독일 기지는 뉘올레순 과학기지촌에

독일 기지의 한 연구원이 날씨 측정용 풍선을 날리기 위한 준비
를 하고 있다

서도 연구 활동이 가장 왕성한 곳이기도 하다. 독일은 뉘올레순 과학
기지촌을 포함해 북극기지 2곳, 남극기지 3곳을 운영하고 있어 극지연
구 투자에 가장 적극적인 나라로 꼽힌다.

　뉘올레순의 독일 기지는 독자적인 연구 이외에도 한 가지 매우 중요
한 역할을 맡고 있다. 풍선을 고층 대기로 띄워 보내는 일이 그것이다.
날씨 측정용 풍선(Weather Balloon)은 영국 시간을 기준으로 매주 수
요일 12시에 전 세계 600개 장소에서 동시에 띄워진다. 여름에는 1주
일에 한 번이지만, 겨울에는 1주일에 두 번 풍선을 띄운다. 이 작업은
독일 북극기지가 설립되기 전 해인 1989년부터 수행되고 있다.

　해발 30~40km 높이까지 올라가는 이 풍선은 온도와 기압, 습도, 풍

향, 풍속 등 기본적인 수치를 측정하는데, 최근에는 오존(O_3) 양의 측정 기능까지 더해졌다. 대류권 바로 위의 성층권은 해발 10~60km까지에 걸쳐 분포한다. 성층권에는 자외선을 흡수하는 오존층이 있기 때문에 최근 지구 온난화로 인한 오존층 파괴를 연구하기 위해서도 풍선의 상승 높이는 매우 적절한 수준이다.

무게 1,500g의 이 풍선은 띄워지기 직전 지름이 3m 정도이고, 풍선 아래 매달린 센서와의 거리는 25m 정도다. 하늘로 올라가기 전 5일 동안 풍선은 50℃를 유지하는 온장고에 보관하는데, 이는 높은 고도까지 최대한 빠르게 상승하도록 하기 위함이다.

풍선 안에 주입하는 기체는 헬륨(He) 가스다. 30~40km까지 올라간 풍선이 터지는 순간 센서가 감지한 모든 측정치는 세계기상기구(WMO)에 자동 전송된다. 그리고 여기서 분석된 데이터는 5분 내에 전 세계 기상대로 보내져 기상 연구 및 예보의 기초자료로 활용된다.

라이너 포켄로트 기지대장의 설명에 의하면 최근에는 레이저 광선을 이용해 수직 70~80km까지 대기 연구가 이루어지고 있다 한다.

수직으로 쏜 레이저는 구름이나 얼음결정, 먼지, 에어로졸 등을 만나면 반사 또는 분산하게 되는데, 이 패턴을 연구함으로써 기후 예측 모델까지도 만들어낸다는 것이다.

4. 북극해양연구소

뉘올레순 과학기지촌은 지난 2006년 4월 또 한 번 세계의 이목을 끌게 됐다. 극지 생물학자들의 '염원'이었던 북극해양연구소(Arctic Marine Laboratory)가 들어선 것이다. 뉘올레순 부두 바로 옆에 세워진 연구소는 그리 규모가 크다고 할 수는 없지만, 극지 생물을 연구하기 위한 최적의 인프라를 자랑한다.

개인 실험실과 비독성 연구실, 건조 연구실, 방사선 연구실 등이 갖춰져 있어 한 번에 최대 15명이 동시에 연구할 수 있다. 따라서 모든 연구는 미리 짜여진 스케줄에 따라 이루어진다. 우리나라도 이미 회원국으로 가입해 연구를 시작했다.

해양생물을 연구하는 곳인 만큼 깨끗한 바닷물은 필수적인 실험재료다. 북극해양연구소는 해수면으로부터 700m 깊이까지 파이프를 내려 바다 시료를 채취한다. 이렇게 끌어올려진 바닷물은 깨끗하게 정수

2006년 4월 개소한 뉘올레순 과학기지촌의 북극해양연구소

북극해양연구소에서 연구를 위해 양식하고 있는 북극대구

되어 모든 실험실로 공급된다.

이곳에서는 연구자들을 위해 북극대구를 양식하고 있다. 극지에 사는 대구는 매우 낮은 수온에서도 혈액이 얼지 않고 살아갈 수 있는 '결빙 방지 물질'을 지니고 있다.

이 물질은 향후 냉동인간 기술 개발 등 무한한 분야에 적용될 수 있을 것으로 기대된다. 극지 빙어의 피에서 이 물질을 추출하는데 성공했지만, 그 가격은 1g당 1,200만원으로 현재로서는 상용화가 요원해 보인다.

만약 이러한 물질로 '천연 부동액'을 만들어 시장성만 확보할 수 있다면, 엄청난 규모의 냉동보존 시장을 확보할 수 있는 것이다.

우리나라는 이미 저온에서 활동하는 식물이나 미생물 50여 종을 확보하고 있어 미국, 독일과 함께 이 분야 선두주자로 올라서 있다.

북극해양연구소의 연구자들은 하나같이 '이제껏 해보지 못했던 연구'를 자유롭게 할 수 있다는 것에 상당히 고무되어 있다. 이러한 까닭에 연구소 설명을 맡은 노르웨이인 샤스티 돌라 매니저는 상당한 자부심을 드러냈다. 남들이 오지 않는 곳에서, 특히 남들이 할 수 없는 연구에 평생을 쏟아 붓는다는 것. 바로 과학자들을 불러 모을 수 있는 극지만의 '매력'이 아닐까.

5. 북극의 자원개발은 이미 시작됐다

노르웨이 기지는 1966년 뉘올레순에 처음 세워졌다. 과학기지촌 중앙의 노란색 건물이 그것이다. 현재의 주 기지는 1999년 개소했는데, 나무로 얼기설기 이어놓은 듯한 이 건물 내부는 다른 나라 과학자들의 부러움을 사기에 충분하다. 자국이 관리하고 있는 땅에 세워진 기지인만큼 기상관측 장비 등 각종 첨단 시설을 갖추고 있다.

이 뿐만이 아니다. 노르웨이 기지의 중요한 역할 중 하나는 다른 나라 과학자들에게 각종 장비를 대여하는 것이다. 마치 스키장에서 스키와 스키복을 빌리듯 세계의 과학자들은 잠수 장비나 방수복 등 갖가지 물품들을 노르웨이 기지에 의존하고 있다.

트론 스뷔네 기지대장이 소개한 기상관측 장비는 지진과 자기장 변화, 고층대기 연구 등에 폭넓게 사용되고 있다. 특히 미국의 연구팀과 협력하고 있는 지진 연구의 경우, 전 세계와의 네트워크 시스템을 갖

뉴올레순 과학기지촌에서 터줏대감 노릇을 하는 노르웨이 기지

추고 있다. 뉴올레순 인근의 북극해에서는 대륙판이 갈라지는 정도가 관찰된 적은 있지만, 이제껏 눈에 띄는 지진은 없었다고 한다.

노르웨이의 북극 연구에 가장 많은 자금을 투자하는 곳은 어디일까. 정답은 석유회사들이다. 지구의 마지막 '청정 지역'으로 불리는 극지에서의 환경 연구가 자원개발에 혈안이 된 석유회사들로부터 연구비를 받는다는 사실은 아이러니가 아닐 수 없다.

하지만 석유회사들로서는 북극 개발을 위한 기초 자료 확보는 물론이고, 환경 연구를 지원함으로써 반환경사업자라는 오명을 벗으려는 치밀한 전략이 숨어 있을 터였다. 극지 연구자들도 이러한 사정을 모를 리 없지만, 석유회사의 '통 큰' 지원을 뿌리칠 만한 경제적인 여유가 그들에게는 없다고 했다.

노르웨이 기지는 자체 연구기능 외에도 타국 연구원들에게 각종 탐사장비를 대여한다

　북극은 이미 천연가스와 원유를 개발하려는 '총성 없는 자원전쟁'
에 돌입한 상태다. 북극권 주변국은 미국과 캐나다, 러시아, 노르웨이,
핀란드, 스웨덴, 덴마크, 아이슬란드 등 8개국. 물론 극지 연구에 적극
적으로 참여함으로써 이들 나라와의 협력관계를 돈독히 하려는 나라
들은 부지기수다. 우리나라도 마찬가지다. 미국의 지질조사국은 북극
해 아래에 지구 전체 미개발 원유의 25%가 묻혀 있다는 보고를 한 바
있다. 이미 확인된 매장량만 천연가스와 원유를 더해 사우디아라비아
전체 매장량의 40%인 1,080억 배럴에 달한다고 한다. 최근 고유가 행
진이 전 세계 경제에 큰 위협이 되고 있음을 감안한다면, 앞으로 북극
의 자원개발은 한층 속도를 높일 것으로 예상된다.

국제북극과학위원회를 뜻하는 'IASC'는 International Arctic Science Committe의 약자를 딴 것이다. 북극 관련 유일한 국제기구인 IASC에는 북극의 8개 주변국(미국, 캐나다, 러시아, 핀란드, 노르웨이, 스웨덴, 덴마크, 아이슬란드)과 비 북극권 10개국(일본, 프랑스, 영국, 독일, 네덜란드, 폴란드, 이탈리아, 스위스, 중국, 한국)이 가입되어 있다.

2차 세계대전 이후 냉전시대를 거치면서 전혀 개방되지 않았던 북극권은 1987년 10월 구 소련의 미하엘 고르바초프 대통령이 '무르만스크 선언'을 하면서 새로운 전환기를 맞는다(무르만스크는 북위 68도 58분, 동경 33도 03분에 위치한 도시로, 바렌츠 해에서 갈라진 안쪽 내륙의 콜라 반도에 위치하고 있다).

이 선언의 주요 내용은 북극의 비핵지대화, 군함의 활동제한, 자원이용의 평화적 협력, 과학조사와 환경보호의 공동 노력, 북극 항로 개발 등이었다.

무르만스크 선언은 1990년 8월 북극권 주변국의 주도로 IASC가 설립되는 계기가 됐다. 우리나라는 2002년 IASC에 가입하는 동시에 뉘올레순 과학기지촌에 다산기지를 설립함으로써 세계에서 12번째 북극기지를 가진 나라가 됐다. 또한 2006년 4월 극지연구소 강성호 박사가 노르웨이 과학자 1명과 함께 IASC 부의장으로 선출됨으로써 북극 연구의 주역으로 발돋움하고 있다. 현재 의장은 덴마크 과학자가 맡고 있다.

2006년 7월 〈월스트리트 저널(WSJ)〉은 "전 세계 에너지 메이저 사(社)들이 막대한 양의 원유와 천연가스를 노리고 줄지어 북극으로 향하고 있다"고 보도했다. WSJ는 런던 소재 컨설팅 회사인 인필드 시스템스의 자료를 인용, 노르웨이의 스타토일과 영국의 로얄더치셸, 미국의 코노코필립스, 러시아의 가즈프롬 등 세계적 석유회사들이 향후 4년간 북극 유전개발 및 시추에 모두 35억 달러를 투입할 계획이라고 전했다.

특히 스발바르 군도 인근 바렌츠 해의 광물 및 어족 자원 개발을 둘러싼 노르웨이와 러시아 간의 대립은 일촉즉발의 상태에 이르고 있다. 바렌츠 해를 공유하고 있는 이들 두 나라의 주장대로라면 영해가 17만 5,000㎢나 겹쳐 있기 때문이다. 최근에는 영국도 노르웨이에 "자국의 이익을 지켜나가겠다는 사실을 천명한다"는 외교서한을 보냄으로써 새로운 불씨가 되고 있다.

스발바르 군도 인근을 둘러싼 영유권 분쟁은 1920년 맺어진 스발바르 조약이 각국의 이익에 따라 다르게 해석되고 있기 때문이다. 1차 세계대전 승전국들은 이 조약을 통해 그 때만 하더라도 가난한 농업 국가였던 노르웨이에게 석탄광산이 개발된 스발바르 군도의 주권을 넘겨줬다.

조약에는 스발바르 군도에 대한 노르웨이의 주권을 인정하되, 조약 서명국들에게 자원에 대한 동등한 접근을 허용토록 하고 있다. 노르웨이는 이 '자원개발 동등권'이 스발바르 근해(19㎞)까지만 인정되며, 유엔 해양법 협약상의 배타적 경제수역(EEZ)에 따른 320㎞ 영해까지는 허용할 수 없다는 주장을 펴고 있다.

노르웨이는 조약이 맺어질 당시의 가난하고 힘없는 나라가 아니다. 1970년대 북해 유전 개발에 성공하면서, 단숨에 세계 3대 석유 수출국이자 서유럽 최대의 천연가스 수출국이 됐다. 일약 '부자 나라'로 탈바꿈한 것은 물론, 에너지 초강국으로 자리매김한 것은 그만큼 이 나라가 국제사회에서 만만찮은 목소리를 낼 수 있음을 의미한다. 1970년대 중반부터 스발바르 군도에 대한 영유권 강화에 나선 노르웨이는 올해 들어서도 타국가의 일방적 남획을 단속하기 위해 바렌츠 해에 해군 순찰함을 파견하는 기민한 움직임을 보이고 있다.

지난 2006년 10월 〈뉴욕 타임스〉는 북극해에서의 자원전쟁 움직임을 19세기 중앙아시아 지역을 차지하기 위한 영국과 러시아의 '그레이트 게임(Great Game)'에 비유했을 정도다.

알래스카 해역의 자원개발 또한 점차 속도를 내고 있다. 미국 상원은 2005년 3월 16일, 알래스카 북극 국립야생생물보호구역(ANWR)에서의 석유탐사 법안을 승인했다. 이어 4월 21일에는 법안이 찬성 249표, 반대 183표로 하원을 통과했다.

그러나 2005년 12월, 일 년 가까이 격론 대상이 됐던 이 법안은 최종 법안 승인에서 부결 처리됨으로써 또 다시 수면 아래로 가라앉았다. ANWR은 긴수염고래와 북극곰, 순록 등 포유류 45종과 조류 180종이 서식하고 있다. 북아메리카에서는 마지막 야생 생태계로 알려져 있기 때문에 환경단체는 물론 인접국인 캐나다의 반발 또한 만만찮다.

이곳에는 최대 160억 배럴 이상의 원유가 묻혀 있을 것으로 추정된다. 이는 하루 200만 배럴을 생산하는 이라크가 20년 이상 생산할 수 있는 양이다. 미국 석유개발업자들은 지난 20년 동안 ANWR에 대한

'러브 콜'을 보내왔다.

　석유회사들로부터 막대한 정치자금을 받고 있는 미국 공화당은 1991년부터 4차례 이상 ANWR에서의 석유 및 가스 탐사를 허용하는 법안을 통과시키려 했다. 하지만 민주당과 환경론자들의 거센 반발에 번번이 실패해 왔다. 1990년대 중반에는 법안이 상하원을 모두 통과했으나 빌 클린턴 대통령의 거부권 행사로 좌절되기도 했다.

　미국 언론들은 올 들어서도 고유가 행진이 이어지자 알래스카 석유 개발 의견이 다시 급부상하고 있다고 보도하고 있다. 아직까지는 환경보호론자들과의 첨예한 공방이 벌어지고 있지만, 점차 석유개발업자들의 목소리에 힘이 실리고 있는 것이 사실이다. 하루 평균 2,000만 배럴이라는 세계 최대 석유 소비국으로써 60%를 수입에 의존하는 미국. ANWR에서마저 석유탐사가 시작되는 것은 결국 시간문제일 뿐이라는 분석도 그 때문이다.

4

한국,
극지의
주역을 꿈꾼다

  우리나라는 2002년 4월 25일, 국제북극과학위원회(IASC)의 18번째 정회원국으로 가입했다. IASC 가입에는 최소 5년간 국제 학술지에 북극 연구결과를 발표한 실적이 요구되는데, 우리나라는 3년 남짓한 경험에도 1988년 세종기지 설립 등 남극 연구 활동을 높이 평가받아 가입이 승인됐다. IASC 가입 나흘 뒤인 29일 우리나라는 북극 다산기지를 개소함으로써 세계에서 12번째로 북극 기지를 소유한 국가가 됐다. 우리나라는 미국, 러시아, 일본 등에 이어 남·북극 기지를 동시에 가진 8번째 나라로 이름을 올리며 세계 극지 연구의 주역이 될 채비를 마쳤다.

  북극은 일반적으로 7월 평균기온이 10℃ 이하인 지역을 말하는데, 그 경계는 나무의 성장한계선과 거의 일치한다. 전체 면적은 2,600만

2002년 4월 개소한 북극 다산기지는 프랑스 기지와 같은 건물을 임대해 사용하고 있다

㎢로 지구의 5%이고, 유럽과 러시아, 북아메리카 대륙, 그린란드 등으로 둘러싸여 있다. 북극의 70%를 차지하는 북극해는 1,400만㎢에 달한다. 이는 전 세계 바다의 3.3%에 해당하는 넓이로 지중해의 4배에 이른다. 1년 내내 평균 중심 두께 3~4m의 얼음으로 덮여 있고, 평균 수심은 1,200m에 달한다.

앞서 밝혔듯이 엄청난 자원이 매장된 것으로 추정될 뿐 아니라 어족자원 또한 그 잠재력이 무궁무진하다. 북극권 주변국들은 물론 전 세계 열강들이 '군침'을 흘리는 이유다.

우리나라는 북극권 자원개발에 있어서 어떠한 독자적 권리도 갖지 못한다. 북극해의 경우 '주인이 없는' 남극과 달리 대부분 주변국들의 배타적 경제수역(EEZ)에 포함되기 때문이다. 그러나 북극에 대한 연구협력이나 공동 자원개발 프로젝트를 통해 얼마든지 실리를 추구할 수 있다. 이를 위해서는 북극에서의 연구 성과와 기술, 경험을 갖춰 북극권 국가의 일원으로 인정받는 게 우선이다.

현재 북극은 주변 8개국을 비롯해 국제적 이해관계가 첨예하게 대립

강성호 박사가 아이스코어링을 통해 채취한 빙하 샘플을 살펴보고 있다

하고 있다. 이들 국가들이 필요로 하는 인력과 기술을 보유할 수만 있다면, 향후 '협력' 의 이름을 빌어 북극의 주역으로 당당히 참여할 수 있게 될 것이다.

그렇기 때문에 북극의 다산기지는 한국의 극지 연구원들에게 한없이 소중한 존재다. 다산기지에서 가장 적극적인 연구 활동을 펼치고 있는 강성호 박사의 말은 이를 잘 대변해 준다.

"북극은 지리적으로 남극보다 우리나라와 훨씬 가깝고, 또 북극의 환경 변화는 우리나라에 직접 영향을 끼칩니다. 우리보다 한 발 늦은 중국도 정부의 전폭적 지지를 업고 연구에 속도를 내고 있습니다. 북극에 대한 투자가 늦어질수록 우리는 상상을 초월하는 '자원의 보고'

에서 멀어질 수밖에 없어요."

해양생태학자인 강성호 박사는 남극에서 17년 동안 극지생물에 대한 연구를 해왔다.

그가 북극에 발을 들이기 시작한 것은 1999년부터다. 그 해 7월, 현재 한국해양연구원 극지연구소장인 김예동 박사 등과 함께 중국 쇄빙선인 쉐룽(雪龍)호를 타고 70일간의 첫 북극해 탐사에 나섰고, 이듬해에는 러시아 극지연구소와 북극해 공동연구를 수행했다.

강성호 박사는 이후 한국의 북극 과학 활동을 사실상 선도하고 있다. 북극에 전념하게 된 '변심'에 대한 그의 설명은 간단하다. 북극이 남극보다 쉽게 갈 수 있을 뿐 아니라, 우리나라와도 직접적 연관성이 많지만 아직도 주목받지 못하고 있기 때문이라 한다.

전 세계 공업생산의 80%가 북위 30도 이북 지역에서 이루어지고 있다는 사실은 북극 연구가 왜 중요할 수밖에 없는가를 단적으로 대변한다. 하늘과 바다에 걸친 북극 항로 개발은 엄청난 경제효과를 기대할 수 있기 때문이다.

또한 북극권 환경변화는 한반도를 포함한 북반구 환경변화에 직간접적인 영향을 미친다. 더구나 조그만 변화에도 쉽게 영향을 받기 때문에 극지 환경 연구는 저위도 지방의 향후 환경변화에 대한 조기경보라는 점에서도 의미가 크다.

현재 다산기지에서는 극지생물 분야의 연구가 가장 활발하다. 강성호 박사 연구팀은 1년에 두 차례씩 짧게는 보름, 길게는 한 달 일정의 정기 출장을 다녀온다.

2006년에도 이 연구팀은 4월과 8월에 각각 북극 땅을 밟았다. 강성호

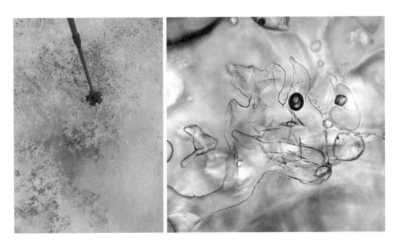

북극이라는 저온환경에 적응해 살아가고 있는 미세 조류

박사는 지난 2006년 8월 연구 일정을 완료한 뒤 북극체험단의 3박 4일 일정 동안 기지촌 주변 탐사를 지도하기도 했다.

강성호 박사가 최근 진행하고 있는 연구는 극지 생물의 저온 적응 방법, 특히 체내에 있는 '결빙방지 물질'이다. 우리나라는 이미 저온에서 활동하는 식물이나 미생물 50여 종을 확보하고 있다.

그러나 아직은 기초 자료수집 단계에 불과하다. 이 생물들이 어떤 체내 물질 때문에 저온을 견딜 수 있는지, 또 이 물질을 추출해 어떻게 상용화할 수 있는지가 연구진들의 과제로 남아 있다.

생명공학 분야에서는 혈액이나 골수는 물론, 건강한 세포와 조직을 보관하는 '냉동보관 시장'에서 이러한 결빙방지 물질이 엄청난 파급 효과를 발휘할 것이다. 영화에서나 보았음직한 냉동인간 또한 이 물질이 상용화되면 현실로 나타날지 모를 일이다.

또한 극한지에서만 서식하는 미세 조류들은 지구 환경변화에 대한 생물학적 센서로도 충분히 활용 가능하다. 미세 조류는 보통 100㎛ (1백만분의 1m) 크기의 해양생물들을 말한다. 극지의 미세 조류들은 거의 생존 한계점에서 살아왔기 때문에 아주 작은 환경변화에도 민감하게 반응할 수밖에 없다. 따라서 지구 온난화 등 환경변화가 극지 해양 생태계 전반, 나아가 전 지구 생태계에 미치는 영향을 가장 빠르게 관찰할 수 있는 것이다.

뉴올레순 과학기지촌에서는 해외 연구진들과의 협력이 필수적이다. 기지에서 1년 내내 상주할 수 없는 상황이다 보니 혹시 모를 사태에 대비해야 할 뿐 아니라, 모든 연구 분야가 독자 수행으로는 한계가 있기 때문이다. 지난 2006년 4월 개소한 북극해양연구소에 우리나라가 발빠르게 회원국으로 가입한 이유도 여기에 있다.

점차 연구 보폭을 넓히고 있는 대기과학 분야도 마찬가지다. 2006년 8월 14일 북극체험단이 뉴올레순에 도착했을 때 강성호 박사와 함께 마중을 나온 두 젊은 과학자가 있었다. 대기과학 분야를 연구하는 윤영준, 최태진 박사가 그들이다.

이번에 처음 북극을 찾았다는 윤영준 박사는 노르웨이와 프랑스 소유의 연구소에서 합동연구를 추진하고 있다. 프랑스의 장 코르벨(Jean Corbel) 연구소는 뉴올레순 과학기지촌에서 6㎞ 떨어져 있다. 차로 이동할 수 없는 길이라 걸어서 가면 편도로만 3시간 거리다. 윤영준 박사는 할 수 없이 프랑스 기지대장인 세드릭 쿠레의 도움을 얻어 보트를 타고 간다고 했다. 그래도 프랑스는 우리나라와 한 건물을 쓰는 각별한(?) 사이라 부탁하기가 편하다고 한다.

장 코르벨 연구소는 모두 200㎡ 대지에 4개의 건물로 이루어져 있으며, 연구실은 3개가 마련되어 있다. 이 연구소에서 진행하는 연구는 대기 내에 포함된 각종 먼지 찌꺼기(파티클)와 관련한 것이다. 서울의 공기에서는 1㎤당 10만 개 이상의 파티클이 발견된다.

　반면 북극에서는 1㎤당 파티클이 300~400개에 불과하고, 비가 내리면 이 숫자는 100개 이하로 줄어든다. 서울의 1,000분의 1 수준인 것이다. '청정 지역'이라고 불리는 극지의 깨끗한 공기를 쉽게 설명할 수 있는 대목이다.

　해발 476m에 위치한 노르웨이의 제펠린(Zeppelin) 연구소는 4인용 케이블카를 타고 5분 정도 올라가야 한다. 이 연구소는 이제껏 노르웨이와 스웨덴이 공동 사용해 왔다. 이제 곧 한국 연구진이 사용할 고층 대기 관련 관측 장비도 설치될 예정이어서 이들과의 협력연구가 더욱 활발해질 것으로 기대된다.

뉴올레순 과학기지촌에서 6km 떨어진 프랑스의 장 코르벨 연구소 전경

노르웨이 제펠린 연구소에 가려면 케이블카를 타고 올라가야 한다

최태진 박사에게는 2003년 8월 다산기지에 설치된 '플럭스 타워(Flux Tower)'가 보물과도 같은 존재다. 매일매일 이 기기로부터 기상과 관련된 데이터를 수집하고 분석하는 것이 그에겐 가장 중요한 일과다. 이는 북극에 가 있거나 한국에 있거나 마찬가지다. 8월에는 북극에 직접 가서 장비를 손보기도 하지만, 보통은 한국에서 이들 데이터를 전송받아 연구한다.

그에게는 지난해 기기 전원이 잠깐 나가 곤욕을 치렀던 일이 머릿속을 떠나지 않는다. 그래서 최태진 박사는 다산기지에도 상주인원이 있었으면 하는 바람이 절실하다.

"다산기지가 남극의 세종기지보다 좋은 것은 여러 나라 과학자들이

최태진 박사가 다산기지 인근의 기상관측 장비로부터 전송
된 데이터를 살펴보고 있다

함께 모여 있다는 거
죠. 협력연구뿐 아니
라 예상치 못한 일이
발생했을 때 인근 기
지 연구원들에게 도
움을 부탁할 수도 있
습니다. 그래도 우리
나라 연구진이 늘 상
주하는 것만 하겠습
니까.”

2004년 7월에는 다산기지에 자동 기상관측장비(AWS)도 설치됐다.
AWS는 'Automatic Weather System' 의 이니셜을 딴 것이다. 실시간 기
상에 대한 데이터 수집부터 데이터 처리와 저장에서 표출하는 것을 자
동으로 처리하는 시스템을 뜻한다. 다산기지는 이 밖에도 고층대기 영
역(해발 50㎞~수백㎞)의 온도를 정밀 모니터링하는 적외선 분광계와
유성우 등을 관찰하기 위한 전천카메라를 보유하고 있다.

고층대기 분야 연구가 각광받고 있는 이유 중 하나는 바로 급격히 늘
어난 인공위성 때문이다. 인공위성은 대부분 고층대기 영역을 비행하
고 있는데, 이곳에서의 급격한 기후변화는 위성의 오작동이나 수명단
축 위험을 초래한다.

최근에는 온실효과를 일으키는 주범으로 지목되는 이산화탄소와 메
탄가스의 증가가 고층대기를 급격히 냉각시킨다는 연구결과가 나와
고층대기 연구는 새로운 주목을 받고 있다.

다산기지는 1988년 2월 세워진 남극 세종기지와 달리 남의 집에서 '더부살이'를 하는 처지다. 뉘올레순 과학기지촌을 운영하는 킹스베이 사에서 건물을 임대해 사용하고 있는 것은 어쩔 수 없다 하더라도, 2층짜리 건물 중에서도 2층의 절반(38평)만을 임대해 쓰고 있다. 중국은 우리보다 늦은 2003년 9월에야 기지를 갖게 됐지만, 남부럽지 않은 독립 연구동에서 오로라와 고층대기 등을 활발히 연구하고 있다.

공간이 협소하다보니 연구팀이 상주한다는 것은 사실상 불가능한 형편이다. 다산기지 관련 예산은 석유재벌들로부터 막대한 연구비를 지원받는 노르웨이 등 해외 연구소와는 비교조차 할 수 없다. 남극 세종기지에 비하더라도 예산은 초라하기 짝이 없다.

세종기지는 월동대원들이 1년 내내 기지를 지키고, 하계 기간인 12~2월에는 60~70명의 대규모 연구단이 파견된다. 반면 다산기지에는 매년 5~6명으로 구성된 6~7개 연구팀만이 짧게는 열흘, 길게는 한 달씩 다녀오는 게 고작이다.

2006년 다산기지에는 4억 3,000만원의 예산이 책정됐는데, 이는 세종기지 43억원의 10분의 1 수준에 불과한 것이다. 앞서 2002~2004년에도 세종기지에는 연간 49억원이 지원된 반면 다산기지에는 2억 5,000만~3억 8,000만원이 배정됐을 뿐이다.

극지연구소 김예동 소장

"극지 연구는 아직 기초과학에 집중하다 보니 연구비를 따내기가 쉽지 않습니다. 이번 체험단 행사 등을 통해 빨리 국민적 공감대가 형성되면 극지 연구가 더 활발해지지 않을까 기대해 봅니다."

한국해양연구원 극지연구소 김예동 소장은 극지 연구와 관련된 예산 확대를 바라는 심정을 이렇듯 조심스레 밝혔다. 북극 다산기지는 월동대원이 없기 때문에 남극 세종기지의 10분의 1에 해당하는 예산으로 아주 경제적으로 운용되고 있다는 게 김예동 소장의 설명이다. 그러나 폭 넓은 연구에 좀 더 많은 연구진을 투입하기 위해서는 4억원 남짓의 예산이 부족한 형편이다.

"이제는 북극에서도 대기과학 쪽으로 영역을 넓히는 작업을 추진하고 있습니다. 우리나라의 겨울 기후는 지리적으로 북극권 고기압의 영향을 받기 때문에 북극의 기상을 연구하는 것이 장기적 기후변화 관찰에는 더없이 유용하죠."

고층대기 또한 극지연구소의 관심사로 떠올라 있다. 태양폭풍 등 우주현상이 지구의 자기권을 교란하면서 위성에도 영향을 미칠 수 있기 때문이다.

"우리도 위성을 쏘아 올리는 나라인데, 기본적인 우주 정보를 얻는 것이 매우 중요합니다. 우주예보가 필요한 거죠."

고등학교 2학년인 정철화 군과 윤채란 · 조민수 양, 그보다 한 학년 아래인 김민정 양, 그리고 아직 중학생인 김대산 · 김윤성 군. 이들 6명의 학생들은 2006년 7월 한국해양연구원 극지연구소 측의 공모에서 100대 1의 경쟁률을 뚫고 당당히 북극 체험단의 일원으로 합류했다. 어려운 시험을 통과한 만큼 주어진 기회 또한 '보석'과도 같았다.

대부분 해외 나들이가 처음이어서 였을까, 8월 12일 인천국제공항에 모였을 때부터 체험단원들의 얼굴은 이미 상기되어 있었다. 독일 프랑크푸르트와 노르웨이 오슬로를 거쳐 롱위에아르뷔엔, 그리고 뉘올레순에 이르는 북극 체험 일정은 청소년들에게 분명 힘든 여정임에 분명했다.

다산기지에 도착해서도 '자투리' 시간은 주어지지 않았다. 보다 많은 경험을 하기 위해서는 짧은 시간을 쪼개고 또 쪼개야 했기 때문이다. 잠을 조금 덜 잤다고, 또 몸이 피곤하다고 해서 하나둘 빠지기엔 한 순간 한 순간이 너무도 소중했다.

"빙하 녹은 물 마셔본 게 가장 기억에 남아요. 그런데 지구온난화 얘기는 꼭 기사로 써 주세요. 정말 심각한 것 같아요."

북극에서의 둘째 날이었던 15일 육상 빙하 탐사를 다녀오는 길에 윤채란 양이 한 말이다. 그저 아주 먼 나라에서 신기한 경험을 한다는 것에 만족하는 줄만 알았더니, 제법 문제의식을 가지고 있었나 보다.

체험단원들이 가장 신났던 일정은 아마도 보트를 타고 해안가에 펼쳐진 거대한 빙벽을 탐사하고 돌아온 일이었을 것이다. 체험단원들이 탄 보트는 폴란드인 보이텍 모스칼이 운전했다. 극지연구소 강

'폴 투 폴 코리아' 청소년 북극 체험단원들. 왼쪽부터 윤채란, 조민수, 김대산, 김민정, 김윤성, 정철화

성호 박사는 그를 "폴란드의 허영호나 엄홍길 같은 존재"라고 소개했다. 혼자서 도보로 북극점을 정복하고 돌아오기도 했다는 탐험가를 운전사로 부리는 영광을 안게 된 셈이었다.

극지에서 해양 탐사를 나갈 때는 반드시 전신 방수 구명복을 입어야 하는데, 그 무게가 결코 만만치 않다. 2인 1조가 되어 착복을 마친 후 바다로 나아가자 "생각보다 별로 안 춥다"던 체험단원들의 호기는 어느새 사라지고 없다. 한 폭의 그림 같은 빙벽이 눈앞에 나타나자 "와" 하는 환호성과 함께 연방 카메라 셔터를 눌러대는 단원들. 빨개진 볼을 비벼대면서도 자신 앞에 나타난 광경을 하나라도 놓칠까봐 전전긍긍하는 모습, 바로 그런 호기심과 열의가 훗날 '과학자'라는 그들의 꿈을 실현시키는데 자양분이 될 것이었다.

뉘올레순 과학기지촌 내에서도 체험단은 단연 '인기'였다. "이곳

과학기지촌 곳곳에는 정해진 길로만 다니라는 위와 같은 표지판들이 설치되어 있다. 과학을 연구하기 위해 북극에 왔지만, 인근의 생태계를 최대한 보호하겠다는 자연에 대한 약속인 셈이다

과학자들은 학생들이 와서 무언가를 배워간다는 것 자체를 너무도 기쁘게 여긴다"는 강성호 박사의 말처럼 노르웨이, 독일, 네덜란드, 프랑스 등 해외 과학자들은 최고의 환대를 보여줬다.

체험단들은 지난 13일부터의 북극체험기를 한 포털사이트 카페 (cafe.naver.com/poletopole.cafe)에 올려 다른 청소년들과 공유하고 있다. 피곤에 지쳤음에도 밤잠을 설쳐가며 올린 체험기들은 비록 매끄럽진 않더라도, 당시 그들의 느낌만큼은 생생히 전달하고 있다.

이번 북극 체험단 단장을 맡았던 극지연구소의 강천윤 극지연구 지원팀장은 "체험단원들은 쉽지 않은 소중한 경험을 한 만큼 다른 사람들과도 이 경험을 충분히 공유해야 한다"며 "이러한 활동을 통해 청소년들을 비롯한 많은 사람들이 극지 연구에 관심을 가지게 되길 기대한다"고 말했다.

5
극 지 를
향 한
도 전

1. 북극의 피어리, 남극의 아문센

로알 아문센(Roald Amundsen, 1872~1928)은 1911년 남극점에 최초로 도달한 탐험가다. 그의 치열했던 일생은 이미 많은 책이나 다큐멘터리를 통해 알려져 있다. 특히 1910~1912년 영국의 로버트 스콧(Robert F. Scott, 1868~1912)과 아문센이 펼친 '남극 레이스'는 금세기 최고의 드라마라 해도 손색이 없었다.

원래 아문센은 당대의 다른 탐험가들처럼 북극점 정복이 인생의 목표였다. 그러나 북극점 최초 정복자라는 명예는 미국인 로버트 피어리(Robert E. Peary, 1856~1920)에게 돌아갔다. 1909년 4월 6일의 일이다.

피어리가 북극 정복의 꿈을 꾸게 된 것은 1886년 여름, 그린란드를 여행하고 돌아온 뒤부터다. 그는 이후 무려 23년의 세월을 북극에 바쳤다. 수차례의 도전 끝에 1905년 북극점으로부터 315㎞ 떨어진 지점까지 도달했지만, 또 다시 실패의 쓴잔을 마셨다. 그리고 마지막 탐험은 1908년에 시작됐다. 만 52세이던 그 해 7월, 뉴욕을 출발한 피어리는 이듬해 개썰매를 이용해 북극점에 도달했고, 아내가 만들어준 국기를 북위 90도 지점에 꽂았다.

미국은 잠시나마 북극점 최초 정복에 대한 '진실 게임'에 휘말리기도 했다. 피어리의 전 탐험대 동료이자 당시 영웅 대접을 받고 있던 프레드릭 쿡이 1908년 4월 21일 혼자서 북극점을 정복했다고 주장했기 때문이다. 하지만, 쿡의 주장은 곧 거짓으로 드러났고, 현재는 대다수 사람들이 피어리를 북극점 최초 정복자로 인정하고 있다.

피어리의 성공은 아문센에게 청천벽력과도 같은 소식이었다. 1910년 그 유명한 '프람호'를 타고 노르웨이를 출발했던 아문센은 뒤늦게 피어리의 북극 정복 소식을 듣게 됐다.

그러나 아문센은 절망에서 허우적대는 대신 신속히 다른 목표를 세우고 전진을 계속했다. 프람호의 뱃머리를 남쪽으로 돌린 것이다. 이때부터 남극점 최초 정복을 위한 아문센과 스콧의 경쟁이 본격적으로 펼쳐지기 시작했다.

결론은 아문센의 승리였다. 1911년 1월 17일, 프람호는 남극 대륙 서쪽 로스 해의 고래 만 거대빙벽 아래에 닻을 내렸다. 이곳은 아문센이 스콧 일행을 앞지르기 위한 최단거리 코스를 선택한데 따른 전진기지였다. 스콧 탐험대는 이미 이곳에서 650㎞ 떨어진 곳에 베이스캠프를 세워놓고 있었다. 1911년 10월 20일, 아문센 일행은 4대의 개썰매를 타고 남극 정복에 나섰고, 55일만인 12월 14일 남극점에 도착했다. 탐험대는 출발 당시 모두 52마리의 개를 데리고 있었다.

훗날 도덕적 비난을 사기도 했지만, 이 개들은 탐험대의 식량으로도 활용되어 아문센 일행이 3,000㎞를 걸어 모두 프람호로 무사 귀환하는 데 결정적 역할을 했다.

스콧의 탐험대는 11월 1일 출발해 아문센보다 5주 늦은 1912년 1월 18일 남극점에 도달하게 된다. 목숨을 걸고 남극의 혹한을 이겨낸 스콧 일행은 아문센이 꽂아둔 노르웨이 국기 앞에서 좌절할 수밖에 없었다. 그리고 그들은 귀환 도중이던 그 해 3월 남극의 눈 속에 영원히 묻히고 말았다.

1909년 북극점에 첫 발을 내딛은 미국의 해군장교 로버트 피어리는 세계 각국의 교과서에 탐험정신의 대명사처럼 소개되고 있다. 동상으로 발가락 일곱 개를 잘라내고서도 북극점을 향한 도전을 멈추지 않았다는 사실은 그의 전기 첫머리를 장식한다.

그런데 피어리는 과연 후대인들로부터 존경받을 만한 위인이었는가.

2000년 4월 미국에서 출간된 한 권의 책은 이 질문에 강한 의문을 제기한다. 캐나다의 극지 역사학자 켄 하퍼(Kenn Harper, 1945~)가 저술한 〈내 아버지의 시신을 돌려주세요(Give me my father's body)〉가 바로 그 책이다.

이 책은 1986년 캐나다에서 먼저 발간됐고, 우리나라에는 2002년 〈뉴욕 에스키모, 미닉의 일생〉이라는 이름으로 출간됐다. 결론부터 말하면 책 내용이 모두 사실일 경우 피어리는 순수한 목적을 가진 탐험가라기보다는 장사꾼에 가까운 인물이다.

피어리는 처음 북극 탐험에 나선 1891년 이후 미국과 그린란드를 빈번하게 왕복했다. 탐사 때마다 진귀한 '전리품'을 가지고 돌아왔던 피어리는 1897년 급기야 살아있는 에스키모인을 6명이나 뉴욕으로 데려왔다. 이 에스키모인 상륙 작전은 인류학 연구를 위한다는 명분 아래 뉴욕 자연사박물관의 인류학자 프란츠 보아스가 부탁한 것이었다.

살아있는 에스키모인을 전시한 지 이틀 만에 박물관에는 무려 3만 명의 관람객이 몰렸다. 하지만, 청정 지역에서 살았던 이들에게 뉴욕의 오염된 공기는 치명적인 독으로 작용했다.

1년 사이 미닉의 아버지 키수크를 시작으로 눅타크, 아탕아나, 아비아크 등 4명이 사망하고 만 것이다. 한 명은 그린란드로 돌아갔고, 갓 여섯 살을 넘긴 미닉은 자연사박물관의 한 직원에게 입양되어 '문명' 속에서 성장했다.

미닉은 1907년에야 자신과 함께 뉴욕에 왔던 아버지의 시신이 박물관에 연구용으로 보존되어 있다는 사실을 알게 됐다. 이후 미닉은 아버지의 시신을 되찾는데 자신의 삶을 바쳤지만, 결국 실패한 채 미국에서 28년의 짧은 생을 마감했다.

미닉의 이야기는 이후 미국에서 잊혀졌고, 단지 그린란드의 에스키모들 사이에서만 구전으로 전해져 왔다. 에스키모 문화를 연구하다 그린란드 원주민과 결혼까지 한 하퍼는 장모로부터 미닉의 이야기를 듣게 됐고, 곧바로 자료 수집에 들어갔다.

1980년대 그린란드에서 이누이트어(에스키모어)로 발간된 〈내 아버지의 시신을 돌려주세요〉는 에스키모들로 하여금 뉴욕 자연사박물관 측에 시체 반환을 요구하도록 하는 기폭제 역할을 했다. 결국 1993년 4명의 에스키모들의 뼈는 그린란드로 돌아와 한 교회 묘지에 묻혔다. 정확히 96년만의 귀향이었다.

하퍼는 이 책에서 피어리가 모피를 비롯한 그린란드의 각종 자원을 미국으로 실어 날랐고, 심지어 친구로 지내던 에스키모 가족의 묘에서 뼈를 도굴해 팔아넘기기까지 했다는 사실을 공개했다. 위대한 탐험가로만 알려진 피어리의 '이중성'에 적잖은 사람들이 충격을 받았다.

2007년 1월 10일, BBC 등 영국 언론들은 로버트 스콧이 남긴 '최후의 편지'가 94년 만에 공개됐다고 일제히 보도했다. 아문센보다 한 달 조금 늦은 1912년 1월 남극점에 도달했던 스콧은 베이스캠프로 돌아오던 중 대원들과 함께 비극적인 죽음을 맞이했다.

이번에 공개된 편지는 스콧이 죽기 직전인 그 해 3월, 자신의 부인 캐드린과 세 살배기 아들 피터에게 쓴 것이다. 스콧은 자신과 대원들의 죽음을 이미 인정하고 있었다. 그래서 편지 첫머리는 '나의 미망인에게'로 시작한다. 부인과 아들에 대한 그의 사랑은 마지막 순간까지 절절하다.

"너무나 추운 날씨 때문에 글을 쓰기가 힘들어요."
"지금 내게 가장 나쁜 상황은 당신을 다시 볼 수 없다는 겁니다."
"당신과 피터가 무사하다는 데 만족합니다. 아마 나라에서 특별히 돌봐줄 것이라고 생각해요."
"피터가 우리나라의 역사에 관심을 갖도록 하세요. 그리고 신을 믿게끔 해요."
"좋은 사람이 나타나면 꼭 재혼하길 바라오."

한편, 스콧의 편지에는 3월 17일 동상에 걸린 동료 오츠가 텐트 밖으로 걸어 나가 죽는 장면도 묘사되어 있다. 그리고 식량이 있는 베이스캠프 11마일 부근까지 왔지만, 4일째 계속되는 눈 폭풍으로 움직일 수 없는 상황과 "살 수 있는 마지막 기회를 잃어버린 것 같다"는 최후의 발언까지도 생생히 담겨 있다.

스콧과 동료들의 시신은 사망한 지 8개월 만에 발견됐다.

로버트 스콧과 그가 죽기 직전 가족에게 남긴 편지

    스콧의 '최후의 편지'는 그의 후손들이 보관하고 있던 중 최근 영국 케임브리지 대학 박물관의 '스콧 극지 연구소'에 기증됐다. 스콧의 편지가 공개된 지 일주일만인 1월 17일, 이 연구소는 당시 캐드린이 남편에게 보낸 편지를 전시했다. 이날은 스콧 일행이 남극점을 정복한 지 95주년이 되는 날이었다.

    스콧의 사망 소식을 듣지 못한 아내 캐드린은 그 해 10월 8일 "이 편지가 앞으로 몇 달 뒤 당신에게 전해질지 모르겠지만"으로 시작되는 편지를 썼다. 전날 밤 스콧의 활약상을 담은 필름 상영 파티를 열었던 그녀는 "사람들이 너무 좋아해요"라며 남편에 대한 그리움을 편지에 담았다. 그리고 아문센의 남극 정복 소식을 전하면서도 남편이 실망하지 말 것을 당부하기도 했다.

    한편 캐드린은 스콧이 '최후의 편지'에서 밝힌 유언대로 1922년 정치가 에드워드 힐튼 경과 재혼했고, 아들 피터는 세계적인 조류학자로 성장했다.

2. 오슬로에서 만난 프람호

노르웨이 오슬로에는 프람호를 전시해둔 '프람 박물관' 이 있다. 이 박물관에는 노르웨이의 선구적 탐험가인 프리드쇼프 난센(Fridtjof Nansen, 1861~1930)과 아문센 등 세기의 인물들은 물론, 당시 사용됐던 다양한 물품들이 전시되어 있다.

프람호는 난센이 설계 및 건조한 범선이다. 길이 39m, 너비 11m에 이르는 이 배의 규모는 700톤급이다. 프람 박물관은 관광객들이 배 구석구석을 구경할 수 있도록 배려하고 있다.

프람호는 과학적으로 설계된 선형을 갖추고 있어 극지의 얼음에 둘러싸여도 빙압(氷壓)에 잘 견딜 수 있었다고 한다. 이 때문에 북극과 남극을 아우르며 여러 귀중한 해양, 기상, 해수 등의 관측조사 실시에 큰 역할을 했던 것이다.

북극 탐험대를 조직한 난센은 1893년 6월 24일, 프람호를 타고 노르웨이 크리스티아니아 항을 출발했다.

프람호는 그 해 9월 22일 북위 78도 50분, 동경 133도 37분 지점에서 얼음에 둘러싸인 채 북서쪽으로 표류하기 시작했는데, 그 기간이 무려 2년 가까이에 이르렀다.

프람호의 이 표류는 극지 과학사에 있어 매우 중요한 의미를 갖는 것으로 평가된다. 난센은 출항 21개월만인 1895년 3월 14일 북위 84도 4분, 동경 102도 27분 지점을 통과하던 프람호에서 하선했다. 그리고는 개썰매와 카약 등을 타고 당시로서는 가장 북극점에 가까웠던 북위 86도 14분 지점까지 탐험하는데 성공했다(난센은 1922년 노벨 평화상 수

아문센이 1926년 북극점 통과 당시 사용했던 노르게호. 사진은 프람 박물관에 전시된 사진을 재촬영한 것이다

상자이기도 하다).

이렇듯 북극 탐사에 있어 큰 족적을 남긴 프람호는 1910~1912년 아문센의 남극 탐험에 이용되면서 세계에서 가장 빛나는 배로 역사에 기록됐다.

아문센은 1872년 7월 16일, 노르웨이의 작은 항구 보르게에서 선장의 아들로 태어났다. 그가 14살 되던 해 사망한 아버지의 영향으로 아문센은 일찍이 탐험가를 꿈꿨다. 비록 어머니의 소원대로 오슬로 대학 의학부에 들어갔지만, 어머니가 세상을 떠나자마자 학교를 그만두고 일등 항해사 자격을 따냈다.

이후 오슬로에서 그린란드, 알래스카 북쪽과 베링 해협을 통과하는

뉘올레순 과학기지촌에 세워져 있는 아문센의 동상과 프람 박물관에 전시된 프람호

북서 항로를 처음으로 개척하는 등 젊은 아문센은 북극에서 빛나는 활약을 펼쳤다.

젊은 날을 잊지 못해서였을까, 남극을 최초로 정복하는 대업을 이루고서도 아문센의 도전은 끝나지 않았다. 애초의 꿈이었던 북극점이 남은 평생 내내 아문센을 놓아주지 않았던 것이다. 남극점을 걸어서 정복한 것과 달리, 그가 북극을 정복하기 위해 선택한 길은 하늘 위였다.

1925년 5월 21일, 뉘올레순에서 아문센을 태운 비행정 2대가 이륙했다. 결과는 8시간만의 추락이었다. 1년 뒤인 1926년 5월 11일, 아문센은 비행선 노르게(Norge)호를 타고 다시 뉘올레순을 떠났다. 이는 미국인 리처드 버드(Richard Evelyn Byrd, 1888~1957)가 공중에서 처음으로 북극점에 도달한 지 이틀 뒤였다.

노르게호는 12일 새벽 북극점을 통과하는데 성공했고, 72시간만인 5월 14일 알래스카에 무사히 도착했다. 비록 직접 국기를 꽂지는 못했지만, 북극점까지 정복하는 영광의 순간이었다.

노르게호는 이탈리아인 움베르토 노빌레(Umberto Nobile, 1885~1978)가 운전을 맡았다. 이후 1928년 5월 23일, 비행선 '이탈리아(ITALIA)' 호를 타고 다시 북극으로 떠났다 실패한 노빌레는 그 해 6월 18일, 프랑스인 4명과 함께 또 다시 북극점에 도전했지만 조난을 당한다.

이에 아문센은 노르웨이 트롬소에서 '라탐(LATHAM)' 호를 타고 친구를 구하기 위한 원정에 나선다. 이것이 위대한 탐험가 아문센의 마지막 발걸음이었다. 아문센이 보여준 '우정' 의 힘이었을까, 노빌레는 조난된 지 1개월 만에 다른 탐험대에 의해 극적으로 구조됐다.

뉘올레순 과학기지촌에는 지칠 줄 모르는 탐험가 아문센을 기리기 위해 그의 동상을 세워두었다. 그리고 과학기지촌에서 도보로 10분 정도 떨어진 곳에는 아문센의 북극 탐험을 기념하는 조형물이 서 있다.

오늘도 북극에 남겨진 아문센의 자취 앞에서는 수많은 관광객들이 카메라 셔터를 눌러대며 그의 열정과 성공을 되뇌고 있다.

3. 세계 최초로 산악 그랜드슬램 달성한 박영석

2004년 1월 13일과 2005년 4월 30일. 남위 90도와 북위 90도에서 "여기는 지구의 맨 끝"이라는 한국인의 음성이 연이어 터졌다. 히말라야 8,000m급 14봉과 세계 7대륙 최고봉 등정에 이어 남극점과 북극점까지 정복하는 산악 그랜드슬램이 세계 최초로 이루어지는 순간이었다. 주인공은 한국이 낳은 세계적 산악인 박영석이다.

2004년 남극점 탐험에서는 새로운 기록도 세웠다. 중간 보급이나 기계의 힘을 빌리지 않는 무지원 탐험으로서는 최단시간인 44일 만에 남극점에 도달한 것이다. 한국 원정대와 같은 허큘리스 해안에서 출발한 영국의 여성 산악인 피오나 소월이 이틀 먼저인 11일 남극점에 도착했지만, 기록 인정 여부가 불투명하다.

42일 만에 남극점에 도착했다고 하지만 한국 대원들과 달리 해안에서 30km를 경비행기로 이동한 뒤 도보 원정에 나섰기 때문이다. 산악인 허영호도 1994년 해안가에서 불과 46km 떨어진 지역에서 출발해 44일 만에 남극점을 밟았지만 기록으로 인정받지 못했었다.

남극 탐험은 1950년대 이후 기계의 힘을 빌리는 추세가 이어졌다. 이는 '산악인의 아버지'로 불리는 에드먼드 힐러리(뉴질랜드) 경이 1957년 농장용 트랙터를 타고 남극점에 도착하는데 성공한 뒤부터다. 힐러리 경은 1953년 세계 최초로 에베레스트를 등정했던 인물이다. 히말라야 8,000m급 14봉을 최초로 완등(1986년)한 라인홀트 메스너(이탈리아)도 1989년 파라세일을 이용해 남극점을 밟았다.

하지만, 노르웨이 산악인 얼링 가제가 1993년 홀로 남극점에 도착한 이후 무지원 탐험이 대세로 자리 잡은 상태다.

연평균 영하 55℃의 추위와 초속 수십 미터에 이르는 강풍. 남극 대륙의 내륙을 뚫어낸 박영석에게 거칠 것은 없었다. 그는 2003년 한 차례 고배를 마셨던 북극점에 다시 도전장을 내밀었다.

2005년 3월 9일, 캐나다 누나부트 주의 워드헌트 섬을 출발한 북극점 원정대는 그리니치 표준시각으로 4월 30일 오후 7시 45분 북극점 위에 섰다. 2,000㎞ 이상의 거리를 출발 53일 만에 돌파해낸 쾌거였다. 이 시각은 박영석에게는 물론, 세계 산악계에도 기념비적인 순간이었다.

박영석은 2001년 히말라야 14좌 완등을 이루어냈다. 2002년에는 7대륙 최고봉 완등이라는 프로필을 완성했고, 2004년 남극점을 밟은 상황이었다. 그리고 북극점까지 정복함으로써 마침내 '산악 그랜드슬램'의 방점을 찍었다.

산악 그랜드슬램은 '살아있는 산악계의 전설'로 불리는 라인홀트 메스너에게도 허락되지 않은 자연의 마지막 자존심이었다. 메스너는 1989년 남극점을 정복, 그랜드슬램에 북극점만 남겨두었지만, 1995년부터 연이은 3차례의 실패 끝에 포기를 선언하고 말았다.

　2004년의 마지막 날인 12월 31일 오전 3시 47분. 남위 90도 위에
선 소년은 왼손으로 자국의 국기를 꽂으며 환한 미소를 지었다. 2년
전, 오른쪽 팔과 왼쪽 다리를 잃은 이 소년의 남극점 정복 소식에 세
계는 아낌없는 박수를 보냈다.

　주인공은 하루 전 16번째 생일을 맞은 폴란드 소년 자넥 멜라였
다. 멜라는 이 날 '한 해에 남북극점을 동시에 정복한 최연소 탐험
가'라는 명예를 안았다. 그 해 4월 24일 북극점에 직접 깃발을 꽂았
던 멜라는 8개월여 만에 지구 반대편에 서 있었던 것이다.

　멜라는 2002년 6월 1만 5,000볼트의 전기에 감전되어 오른쪽 팔꿈
치 아래와 왼쪽 허벅지 아래를 절단해야 했다. 고작 14세에 불과했
던 소년에게는 너무도 가혹한 현실이었다. 하지만, 멜라에게 다가온
것은 '좌절'이 아닌 '희망'이었다.

　탐험가이자 환경운동가였던 마렉 카민스키를 만난 것이다. 카민
스키는 1995년 한 해에 남북극점을 동시에 정복한 최초의 인물이다.
그는 후원기금을 모아 '카민스키 재단'을 세웠고, 멜라를 포함한 수
십여 명의 장애 어린이들에게 의족을 선물했다.

　카민스키에게도 멜라를 만난 것은 또 하나의 도전이었다. 팔과 다
리를 하나씩 잃고도 반짝이는 두 눈빛만은 잃지 않았던 멜라에게 극
지 탐험을 제의한 것은 어쩌면 당연한 일이었을 것이라고 그는 회고
한다.

　멜라는 1년의 재활훈련을 거친 뒤 극지 탐험을 위한 특수훈련을 6
개월이나 받아야 했다. 영하 100℃ 이하의 극저온 체험은 물론 수십
kg에 달하는 썰매를 끄는 체력훈련도 멜라를 좌절시키지는 못했다.

　멜라와 카민스키 등이 포함된 '투게더 투 더 폴(Together to the

남극과 북극의 빙하 곳곳에 형성된 크레바스는 수많은 탐험가들과 과학자들의 목숨을 앗아갔다. 극지는 인간에게 자신을 쉽게 허락하지 않고 있는 것이다

Pole)' 팀은 2004년 4월 4일 북극점을 향해 출발했다. 이들의 무모한 도전을 비웃듯 영하 20~30℃를 오르내리는 추위와 세찬 북극의 바람이 불어댔지만, 도전은 계속됐다. 그리고 출발 20일 만인 4월 24일 오후 4시 16분 그들은 마침내 북극점에 도달했다.

남극점 정복 계획은 바로 그 북극점 위에서 결정됐다. 그 해 12월 17일 다시 뭉친 멜라와 카민스키는 얼음 땅을 200㎞나 걸어 그들의 약속을 지켜냈다. 아문센이 남극을 정복한 지 93년 하고도 17일이 지났을 때였다.

남극점 위에 선 멜라의 담담한 소감은 지난 100년간 수많은 탐험가들이 그토록 열망했던 메시지를 함축하고 있었다.

"저의 탐험이 다른 사람에게도 꿈을 이룰 수 있다는 용기를 불어넣어주었으면 해요."

6
노아의 방주
만들어지는
롱위에아르뷔엔

노르웨이령 스발바르 군도의 롱위에아르뷔엔(Longyearbyen)은 탄광도시다. 석탄은 물론 구리, 철, 아연 등이 풍부한 것으로 알려져 있다. 미국과 영국, 네덜란드, 스웨덴 등의 광산은 오래 전에 문을 닫았지만, 노르웨이와 러시아는 현재까지도 채굴작업을 진행하고 있다. 전체 시민 2,400여 명 가운데 3분의 1이 광부인 것으로 파악된다.

2006년은 롱위에아르뷔엔에 사람이 정착한 지 정확히 100주년 되는 해다. 미국인 광산업자인 롱이어는 1906년 이곳에서 처음으로 석탄 채굴사업을 시작했다(그는 10년 뒤 노르웨이에 광산을 팔았다). 이 도시에는 정주 100주년을 기념하는 플랫카드가 곳곳에 걸려 있다.

북위 78도에 위치하고 있는 롱위에아르뷔엔의 8월은 백야가 한창이다. 이 도시의 백야 기간은 4월 19일부터 8월 23일까지다.

2006년 롱위에아르뷔엔 정주 100주년을 기념하는 플랫카드

8월 13일 북극 체험단과 함께 도착한 나는 난생 처음 경험하는 '백야'에 짜릿함마저 느꼈다. 자정이 넘도록 어두워지지 않는다는 사실은 마치 시간이 멈춰버린 공간에 들어온 게 아닐까라는 착각마저 들게 한다.

한여름인데도 찬바람에 절로 옷깃이 여며진다. 겨울바람이 얼마나 매서울지는 더 이상 설명이 필요 없을 듯하다. 그래서인지 도시를 둘러보면 3층 이상의 건물은 하나도 눈에 띄지 않는다. 바람이 많은 제주도의 전통 가옥들이 모두 나지막한 모습인 것과 다를 바 없지 않겠는가.

여름이 지나면 이곳은 다시 하얀 눈으로 뒤덮일 것이다. 이 때문에 대부분의 집 앞에는 필수 교통수단인 설상차가 몇 대씩 보관되어 있다.

스발바르 군도는 1920년 맺어진 국제조약에 따라 노르웨이에 편입됐다. 그러나 최근 러시아와 영국 등이 자국의 이권을 주장하면서 국제적 분쟁 조짐마저 보이고 있는 현장이기도 하다. 이 때문에 노르웨이는 스피츠베르겐 섬에 있는 주민들의 롱위에아르뷔엔으로 적극적인 이주정책을 펴고 있다.

북극의 바람이 매우 심한 롱위에아르뷔엔은 모든 주택이 2층 이하로 지어져 있다. 여름을 제외하고는 거의 눈으로 덮여 있기 때문에 개인 설상차가 주된 교통수단이다

스발바르 군도의 국제 기류가 어느 쪽으로 결론이 나는지에 따라 남극에 미칠 영향도 주목된다. 남극에 가장 가까운 나라인 칠레는 미래에 도출될 영유권 분쟁에 대비해서 이미 자국 기지에 300명이 넘는 인원을 상주시키고 있다. 대부분 공군들인데, 이들의 자녀를 위한 학교까지 있다고 하니 그 규모는 쉽게 짐작할 수 있다.

롱위에아르뷔엔에서는 최근 또 하나의 재미있는 사업이 진행되고 있다. 영국 일간지 〈더 타임스〉는 2006년 6월 20일 "노르웨이령 스피츠베르겐 섬에 '씨를 위한 노아의 방주' 프로젝트가 진행되고 있다"고 보도했다.

롱위에아르뷔엔 중심지에 서 있는 광부의 동상. 이곳은 뉘올레순 과학 기지촌으로 가는 관문일 뿐 아니라 석탄채굴 산업이 활발한 광산도시 이기도 하다

이 보도에 따르면 롱위에아르뷔엔 3호 광산에 축구장 반 만한 크기의 씨앗 창고를 짓고, 여기에 전 세계 200만 종 이상의 씨앗을 보관하게 된다. 북극의 영구 동토층에 만들어지는 것이라 지구 온난화가 심화된다 해도 영하 3℃ 이상 기온이 오르지 않고, 깊이 50m의 동굴 안인데다 두께 1m의 강화 콘크리트 벽으로 둘러싸여 온갖 자연현상이나 북극곰 등의 공격에도 안전할 수 있다는 것이다.

수천 년 이상 안전하게 보관된 씨앗들은 만약 지구에 대재앙이 닥치더라도 생존자들의 '희망'이 될 터이다. 2006년과 2007년 여름을 이용해 건설될 저장고에는 쌀 10만 종과 바나나 1,000종을 비롯해 양귀비, 코코넛 등 모두 200만 종의 씨가 보관될 예정이다.

노르웨이 정부가 건설비용 300만 달러를 부담하고, '지구 곡물 다양성 트러스트(GCDT)' 라는 기구가 매년 10만~20만 달러의 운영비용을 담당한다.

GCDT측은 향후 9년 내에 200만 종의 종자가 모두 보관될 것이고, 이는 지난 10만 년 동안 쌓여온 인류 농업의 기초를 후세대에 전달한다는 의미라고 밝히고 있다. 북극의 저장고는 오직 하나의 문을 통해 일 년에 1~2번 접근이 가능하고, 마스터키 6개는 국제연합 등의 국제기구가 나눠서 보관하게 된다.

제**3**부

남극 세종기지

남극의 겨울은 적막하다. 그리고 숨이 멎을 정도로 아름답다.
사방에 펼쳐진 하얀 눈과 얼음 앞에 인간의 더럽혀진 마음은 깨끗이 정화된다.
남극에 첫발을 내딛는 순간 살을 에는 듯한 추위 속에서 오히려 포근함이 느껴졌다.
시간이 멈춰 버린 듯한 고요함 속에서 간간이 들려오는 이름 모를
새의 울음소리만이 그곳을 지키고 있었다.
세종기지는 남극 반도 북단 킹조지 섬의 맥스웰 만에 위치해 있다.
그곳에서 해안선을 따라 40여 분 걸어가면 펭귄 서식지가 나온다.
'펭귄마을'은 여름이면 수천 마리의 펭귄 무리가 해안가를 메워 장관을 이룬다.

고 (故)

전 재 규

대 원 의 추 억

1. 전재규 대원의 죽음

"세종기지에 오신 걸 환영합니다. 피곤하시더라도 잠시 이리 오셔서
이 친구에게 인사 먼저 하세요."

2004년 6월 1일, 세종기지에 막 도착한 우리를 환한 웃음으로 맞이
한 월동대원들은 가장 먼저 본관동 한 쪽 벽면에 걸린 흑백사진 앞으
로 안내했다. 사진은 바로 6개월 전 고무보트 조난사고로 숨진 고(故)
전재규 대원의 생전 모습이었다.

수개월만의 외지인 방문으로 부산했던 세종기지 사람들이었지만 고
인의 영정 앞에서 묵념하는 10여 초 동안만은 엄숙하기 짝이 없었다.
'생사고락을 함께 하자' 고 약속했던 17차 월동대원 15명은 이렇듯 먼

남극 세종기지에 세워진 고(故) 전재규 대원의 동상

저 떠나버린 동료를 가슴 깊이 묻어둔 채 연구에 전념하고 있었다 (2004년 12월 세종기지에는 이 영정사진을 대신해 그의 흉상이 세워졌다).

당시 사건은 17차 월동대원들이 기지 업무 인계를 마친 16차 대원들과 하계 연구대원들을 배웅하고 돌아오던 길에 발생했다. 이들은 2003년 12월 6일 오후 1시 10분쯤, 귀국길에 오른 연구진 24명을 엔진 추진형 고무보트 2대에 태우고 '맥스웰 만(灣)' 건너편에 위치한 칠레 프레이 공군기지로 향했다. 프레이 기지에서 세종기지까지는 10㎞ 정도로, 이는 고무보트를 타고 30~40분 만에 도착할 수 있는 거리다. 이들을 내려준 뒤 손을 흔들며 귀환에 올랐을 때만 하더라도 아무런 이상 징후는 보이지 않았다.

남극의 심술은 갑작스레 시작됐다. 순식간에 바다 위는 짙은 안개에

남극의 바다는 변화무쌍하다. 언제 자욱한 안개가 낄지, 또 언제 유빙들이 떠밀려 올지 예측하기
어렵기 때문에 고무보트를 타고 바다를 건너는 일은 항상 위험부담을 안고 있다

휩싸였고, 대원들은 방향을 완전히 잃어버렸다. 20분 늦게 출발한 '세
종 1호'는 오후 5시 25분 무사히 귀환했지만, 강천윤 부대장과 김정한,
최남열 대원이 탄 '세종 2호'는 길을 잃고 만다.

　강천윤 부대장이 밝힌 당시 상황은 그 순간이 얼마나 급박했었는지
를 잘 말해준다.

　"남극의 날씨란 잠깐 사이에 어떻게 변할지 아무도 모릅니다. 당시
순식간에 안개가 짙어졌는데, 2~3m 앞도 보이지 않을 정도였죠. '세
종 2호'에는 GPS(위성 위치확인장치)가 달려 있지 않았기 때문에 기지
로의 귀환은 사실상 불가능했었습니다. 곧 강풍과 눈보라마저 불기 시
작했죠. 결국 기지로의 귀환을 포기하고 인근의 중국기지로 향할 수밖
에 없었습니다."

오후 5시 30분 "인근 중국 장성기지로 향한다"는 강천윤 부대장의 마지막 무전을 끝으로 통신마저 두절됐다. 이후부터는 추위와의 사투를 벌인 세종 2호 일행에게나, 동료들의 안전을 걱정하는 기지에서나 피 말리는 시간의 연속이었다.

강천윤 부대장 일행이 2시간 30분 만에 도달한 곳은, 장성기지보다 훨씬 남쪽으로 내려간 넬슨 섬이었다. 일단 눈보라를 피할 수 있는 해안가의 큰 바위에 은신처를 마련했고, '사흘만 버티자'는 각오를 다졌다. 남극의 눈보라(블리자드)는 보통 사흘이면 잠잠해진다는 오랜 경험을 믿었기 때문이었다. 다행히 고무보트에 남아 있던 여벌의 구명복이 대원들의 체온유지에 도움이 됐다.

깊은 잠에 빠질 경우 동사할 가능성이 높았으므로, 이들 3명은 한 시간씩 선잠을 자면서 서로를 깨우며 한 시간, 한 시간을 버텨야 했다. 눈을 한 움큼씩 먹으며 갈증을 간신히 해소했지만, 배고픔과 추위로 대원들은 점차 지쳐갔다.

사고 이튿날 오전 8시 30분. 강천윤 부대장은 통신 두절 15시간 만에 겨우 "대원 3명 모두 안전하다"는 무선을 전할 수 있었다. 그러나 무전기 배터리가 이내 나가 버렸다.

이때부터 세종기지에서의 움직임이 바빠졌다. 그러나 눈보라가 몰아치는 남극의 바다에 또 다시 고무보트를 띄우기란 '자살행위'와도 같은 무모한 시도였다.

오후 6시 윤호일 월동대장이 드디어 결단을 내렸다. 아직 동료들이 살아있다고 확신했지만, 더 이상 시간을 끌 경우 그들의 생존을 자신할 수 없다는 판단에서였다. 구조대는 김홍귀, 진준, 정웅식, 전재규,

황규현 등 대원 5명으로 구성됐고, 오후 7시 '세종 1호'를 타고 기지를 떠났다.

세종 1호는 기지를 출발한 직후 "기상 상태가 예상보다 호전되어 수색에는 문제가 없다"는 교신을 보내왔다. 그리고 8시 20분에는 칠레 프레이 기지를 지나며 알드리 섬을 수색하겠다는 무전이 도착했다.

그로부터 30분 뒤, 청천벽력 같은 일이 일어났다. 보트 운전자인 김홍귀 대원으로부터 "보트에 이상이 생겼다. 조종수가 물에 빠졌다"는 다급한 목소리가 전해진 것이다. 그리고 통신은 두절됐다.

구조된 직후 이루어진 여러 언론과의 인터뷰를 종합, 재구성하면 당시 상황은 다음과 같다.

「실종대원들이 있을 것으로 생각한 알드리 섬 인근 해안선을 따라 중국기지 쪽으로 이동하던 중이었다. 그런데 갑자기 역풍이 불면서 앞이 보이지 않더니 '꽉' 하는 소리와 함께 배가 심하게 흔들렸다. 순간 고함과 비명을 지르며 대원들은 모두 물속에 빠졌다.

차디찬 바닷물에 빠진 대원들은 꼼짝도 할 수 없었다. 김홍귀 대원은 휴대하고 있던 방수팩에서 무전기를 꺼내 '배가 뒤집혔다'고 송신했지만 물에 젖은 무전기는 곧 끊겼다.

4명의 대원들은 이내 정신을 차리고 한 곳으로 모였지만, 전재규 대원은 멀리 떨어져 있었다. 배 앞쪽에서 GPS로 방향을 유도하고 있던 터라 배가 뒤집힐 때 보트 줄을 잡지 못했기 때문이었다.

정신을 잃은 듯 바다 위에 가만히 누워 있던 전재규 대원의 구명복을 진준 대원이 낚아챘다.

그러나 곧 이어 큰 파도가 닥쳤고, 전재규 대원은 바다 속으로 사라졌다. 가까스로 해안으로 헤엄친 대원들은 보트가 전복된 곳에서 20~30m 떨어진 큰 바위 옆에서 전재규 대원의 시신을 발견했다.」

살아남은 대원 4명은 중국 장성기지로 가려고 했지만 블리자드가 불어 먼 거리 이동은 불가능했다. 다행히 보트 전복 4시간여 만인 8일 새벽 1시쯤 대원들은 '이나치'라 불리는 칠레의 하계연구소 컨테이너에 도착했다. 길고도 긴 밤을 지새운 대원들은 오전 9시 무전기 등 장비를 찾기 위해 현장으로 갔다가 러시아 구조대를 만났다.

1차 조난자들은 그보다도 12시간이 지난 8일 오후 8시 20분 칠레 공군 헬기에 의해 구조됐다. 전날 러시아 수색대가 넬슨 섬 인근까지 왔었지만, 강천윤 부대장 일행을 발견하지 못했다.

이들은 사고를 당한 지 51시간 만에 극적으로 생환한 것이다. 남극의 눈보라 속에서 기적처럼 살아 돌아왔지만, 이들에게 전해진 소식은 너무도 가혹했다. 17차 월동대원 중 막내였던 전재규 대원의 죽음이었다.

2. 전재규 대원이 아픔만 남긴 것은 아니다

남극에서 유명을 달리한 전재규 대원에게는 여동생이 하나 있다. 전

러시아 벨링스하우젠 기지 앞에 정박한 바지선과 이동수단인 4륜구동 차량들. 오른쪽의 빨간색 차량은 우리나라가 러시아 기지에 맡겨둔 것으로, 이곳 필데스 반도에 도착한 연구원들이 타국 기지로 이동할 때 아주 용이하게 사용된다

정아씨다. 현재 극지연구소에서 일하고 있는데, 그녀는 오빠가 사고를 당한 지 3개월 지난 2004년 2월 한국해양연구원 측의 배려로 이곳에 입사했다.

전재규 대원이 세종기지 월동대원으로 활동한 기간은 채 한 달이 되지 않았지만, 불의의 사고로 결국 극지는 그의 마지막 직장이 되고 말았다. 전정아씨는 극지연구소에서 2년 여간 극지 기지 지원업무를 맡았다. 오빠가 다하지 못한 임무를 동생이 대신했던 셈이다(그녀는 2006년 여름 재무담당 부서로 자리를 옮겼다).

다음은 전정아씨가 입사 직후 한 카페에 올렸던 글이다.

"같은 초등학교에 다녔었고, 항상 전교 일등에 성격도 착했던 오빠의 그늘 밑에서 어린 시절을 보냈어요. 그토록 싫었고 벗어나고만 싶었는데…. 이젠 그렇게 살려고 합니다. 아니, 그렇게 살고 싶습니다."

한 인터뷰에서 전정아씨는 "이제 마지막 바람은 오빠가 국립묘지에 안장되는 것"이라며 "국립묘지발전위원회에서 검토한 뒤 결정을 한다고 들었는데 꼭 부모님과 나의 소원이 이루어졌으면 좋겠다"고 말한 바 있다. 하지만, 그녀의 간절한 소원은 이루어지지 않았고, 전재규 대원의 유해는 지금도 여전히 충북 충주의 중원사에 안치되어 있다.

2004년 6월 세종기지에서 만났던 17차 월동대원들의 가슴에도 상처가 여전히 아물지 않은 듯했다. 내가 몇 번을 망설이다 어렵게 전재규 대원의 사고 상황에 대한 이야기를 꺼냈다.

벽에 걸린 전재규 대원의 사진을 한참이나 바라보던 강천윤 부대장은 "그 때 무전기 배터리만 닳지 않았어도…"라며 고개를 떨구었다. 자신들이 무사하다는 사실을 계속 기지에 알렸더라면, 그 심한 눈보라 속에 구조대를 보내지 않았을 것이란 생각에서다.

사고 당시 '세종 1호'를 운전했던 김홍귀 대원은 자신의 조종을 탓했다. 그는 그 때가 벌써 남극에서의 세 번째 월동이었다(그는 20차 월동대원으로서 2006년 12월부터 또 다시 13개월간의 남극생활을 시작했다).

베테랑 중의 베테랑이지만 "조종을 조금만 더 잘 했더라면 보트가 뒤집어지는 일은 없었을 것"이라는 자책감이 그를 괴롭히고 있었다. 고무보트가 전복된 뒤 전재규 대원의 목덜미를 잡았다 놓쳐버린 진준 대원은 아무런 말도 잇지 못했다. 더 이상 물을 수 없을 정도로 이들의 아픔은 깊었다.

대원들은 귀국 후 개인적으로 충주의 중원사를 찾고 있다. 월동대장이었던 극지연구소 윤호일 박사는 사고 2주기를 즈음한 시점에서 가진 한 언론과의 인터뷰에서 다음과 같은 소회를 밝혔다(중앙일보, 2005년 12월 8일).

"지난 금요일 재규가 있는 충주 중원사에 다녀왔습니다. 재규는 항상 밝게 웃는 미남 청년이었죠. 제가 '재규야, 한쪽 손은 꼭 보트를 잡고 있어라'라고 소리치자 '걱정마세요'라며 손을 흔들던 게 마지막 모습이었습니다.(중략) 게을러질 때나 의기소침할 때면 재규를 생각합니다. 그의 죽음이 헛되지 않도록 학문적 성과를 세계적으로 인정받아야 한다고 다짐합니다."

전재규 대원의 흔적은 비단 중원사에만 있는 것이 아니다. 남극 세종기지는 물론, 모교인 강원도 영월고등학교에 그의 흉상이 서 있고, 서울대학교와 한국해양연구원에서도 그를 기리는 동판을 찾아볼 수 있다.

무엇보다도 이후의 연구 성과에서 전재규 대원의 이름을 붙이는 사례도 속속 나타나고 있다. 서울대 천종식 교수팀과 극지연구소 윤호일 박사팀은 남극 세종기지 주변에서 호냉성 세균 2종을 발견했다.

이 세균은 새로운 속(屬)의 2개 종(種)인데, 속명에는 세종기지를 의미하는 '세종기아(Sejongia)'가, 종명으로는 전재규 대원의 성을 딴 '전니아이(jeonii)'와 남극을 뜻하는 '안타르티카(antartica)'가 각각 붙여졌다.

이 '세종기아 전니아이'와 '세종기아 안타르티카'는 2004년 10월

2006년 8월 세종기지를 찾은 너대니얼 팔머호

최고 권위의 국제 학술지인 국제 미생물분류학회지(International Journal of Systematic and Evolutionary Microbiology)에 등록됐다. 한국 학자가 남극 유래 신종 세균을 발견해 국제학회의 공인을 받은 것은 이번이 처음인데, 이 성과에 전재규 대원의 이름이 남겨진 것이다.

2005년 12월에는 미국으로부터 반가운 소식이 전해졌다. 미국 해밀턴대학교의 유진 도맥 교수가 2004년 남극 지역의 얼음기둥 밑에서 발견한 활화산이 '전재규 화산'이란 이름으로 세계적 공인기관에 등록됐다는 것이었다.

'전재규 화산'은 2004년 5월 '로렌스 앤 골드' 호를 타고 남극 해안을 탐사하던 도맥 교수팀이 발견한 것으로 국내에서는 당시 내가 쓴 기사를 통해 가장 먼저 알려진 바 있다.

남극에서 새로 발견된 해저화산 이름으로 남극 연구 활동 중 사고 사한 고(故) 전재규 대원의 이름이 붙여지게 됐다.

11일 한국해양연구원에 따르면 최근 남극 전진기지의 미국 지질연구팀이 새로 발견한 해저화산에 전재규 대원의 이름을 붙일 것을 제안했으며, 해양연구원 측은 동의한 것으로 확인됐다. 저 멀리 남극에 한국인의 이름이 붙여진 '전재규 화산'이 생기는 것으로, 그의 희생정신이 길이 기려지게 됐다는 점에서 의미가 크다.

한국해양연구원 극지운영실 김재순 팀장은 "남극 대륙에 위치한 미국 기지를 오가는 쇄빙선 '로렌스 앤 골드'호가 최근 해저화산을 발견했다"며 "우리 측에서는 동의를 해준 상태이므로 전재규 대원의 이름 사용에 문제는 없을 것"이라고 밝혔다. 김 팀장은 "남극이란 곳이 특정 나라가 영유권을 가지는 곳은 아니지만 우리 대원의 희생정신과 동료애가 외국 연구팀에 의해 인정받고 길이 기억에 남게 된 것은 상당히 영광스러운 것"이라고 말했다.

세종기지 측은 최근 미국 지질연구팀에 전 대원의 생년월일, 약력, 학력 등 간단한 기초자료를 보냈다. 세종기지 측은 전 대원의 경력에 대해 "2003년 제17차 남극 월동대원팀에 지원했고, 그해 12월 3명의 팀원을 태운 보트를 구조하러 나섰다가 사망했다. 그의 희생정신은 한국의 극지연구 프로그램에 대한 높은 관심을 불러일으켰고, 결국 2008년까지 첫 쇄빙선 지원을 약속하는 등 연구 프로젝트 확대에 관련된 한국정부의 결정을 이끌어냈다"고 적어 보냈다.

이러한 사실은 남극 세종기지에서 통신·통역을 담당하고 있는 이형근 대원이 지난 8일 '전재규 대원 추모카페'(cafe.daum.net/sejongjaegu)에 글을 올리면서 알려졌다. 이 대원은 카페에 올린 글에서 "가족분들께 조금이나마 힘이 될 만한 소식이 있어서 이렇게 용기를 내어 글을 올린다"며 "미국 남극 지질연구팀이 새롭게 발견한 해저 화산에 재규의 이름을 붙이고 싶다고 하면서 재규 연혁을 보내달라고 했다"고 밝혔다.

이 대원은 "우선 내가 알고 있는 것과 이곳에 있는 정보를 합쳐 간단히 영문으로 작성해 보냈고, 별다른 일이 있지 않는 한 재규의 이름이 남극

전재규 화산이 국제 공인을 받았다는 문서에 당시 연구에 참여했던 유진 도맥(미국) 교수팀 전원이 사인했다

지형에 공식적으로 영원히 남을 것으로 기대하고 있다"고 말했다.

남극에 영원히 전 대원의 이름이 남겨진다는 사실에 아버지 전익찬(55)씨는 누구보다 기뻐했다. 전씨는 "극지운영실에서 일하는 딸(정아)로부터 그 얘기를 듣고 아들이 자랑스러워 돌아서서 한참을 울었다"며 기쁜 기색을 감추지 못했다.

(세계일보, 2004년 5월 12일)

이 기사가 나간 지 2년여가 지난 2006년 8월 10일, 미국 쇄빙선인 너대니얼 팔머호가 세종기지를 방문했다. 전재규 화산의 이름이 붙여진 화산 지도를 가지고서였다. 도맥 교수팀에 의해 발견된 이 화산은 막 국제 공인을 받은 상태였고, 이에 참여했던 연구원 전원의 사인이 들어간 지도는 세종기지에 기증됐다.

전재규 대원의 사망 사고로 세종기지는 온 국민의 주목을 받게 됐다. 그저 남극이라는 추운 곳에서 과학자들이 연구를 하고 있다는 사실만을 접했던 국민들은 열악한 인프라와 그에 따른 과학자들의 위험에 대해서도 관심을 갖기 시작했다. 그리고 이러한 관심은 정부의 실질적인 투자와 지원 확대로 이어졌다.

사고 6개월 만에 기지에는 신형 고무보트 2대가 들어왔다. 새 보트는 엔진이 두 개인 데다 방향을 잃지 않도록 GPS 시스템도 장착되어 있어 운행에 큰 도움이 된다고 한다. '소 잃고 외양간 고치기' 식 지원이라는 비난도 있었지만, 그래도 없는 것보다는 나은 게 아닌가.

또한 사고 당시 언론에서 가장 뜨겁게 다루었던 쇄빙선 문제가 이내 해결점을 찾았다. 극지 연구원들의 지속적인 주장에도 꿈쩍 않던 정부가 쇄빙선 도입을 위한 예산 편성에 적극적으로 나선 것이다. 2004년부터 설계에 들어간 한국형 쇄빙선은 2009년 운항을 목표로 현재 차질 없이 진행되고 있다.

세종기지를 지키고 있는 월동대원들에 대한 처우도 개선됐다. 15~16명이었던 월동대원은 2005년 18차부터 17명으로 증원됐고, 2006년 19차부터는 대원들의 안전을 위해 해양경찰 1명이 함께 파견되고 있다.

2006년 12월 하계 연구원들이 남극에 들어갈 때는 현대엔지니어링 설계팀도 동행했다. 대원들의 휴식공간을 위한 생활관을 포함해 세종기지에 추가 건물을 세우기 위한 사전작업이다. 본격적인 공사는 2007년 10월 시작될 예정이다.

2

세 계 의

남 극

진 출 사

1. 남극은 어떤 곳인가

북극의 경계를 북위 66.5도 이북으로 잡듯이, 남극 지역 또한 남위 66.5도를 경계로 삼고 있다. 국제법상으로는 남위 60도 이하를 남극이라 칭한다.

북극 지역은 유럽과 아시아 등 대륙으로 둘러싸인 북극해가 대부분이지만, 남극은 또 하나의 대륙이다. 남극 대륙의 평균 고도는 약 2,300m, 면적은 북극해와 비슷한 1,400만㎢다. 이는 중국 면적의 1.4배, 한반도 전체 면적의 62배에 달하는 어마어마한 크기다.

남극 대륙의 99%는 사시사철 얼음으로 덮여 있는데, 지구상 전체 빙하 면적의 86%, 체적의 90%가 남극에 집중되어 있다. 남극 대륙 얼음

남극대륙 아문센 – 스콧기지의 평균 기온

위치정보 : 90。00' s 0。0' 2800m

요소	1월	2월	3월	4월	5월	6월	7월	8월	9월	10월	11월	12월	전년
평균 기온(℃)	28.0	40.7	53.9	57.2	57.7	58.6	60.0	59.9	59.5	51.3	38.4	27.3	49.4

의 평균 두께는 무려 2,160m, 가장 두꺼운 곳은 4,800m에 이른다는 측정 결과가 나와 있다. 따라서 남극 지역의 얼음이 모두 녹는다고 가정할 경우 전 세계의 해수면은 60m 이상 상승할 것으로 추정된다.

남극 대륙의 내륙 중심부는 연평균 기온이 영하 55℃에 달한다. 가장 따뜻한 12월과 1월의 평균기온은 영하 30℃ 언저리이지만, 3월부터 10월까지는 평균기온이 영하 50℃를 밑돈다. 특히 가장 추운 7월에는 평균기온이 영하 60~70℃에 이를 정도다.

남극 대륙에서는 일명 백시(白視)현상이라고 부르는 '화이트아웃(White out)'이 자주 일어난다. 이것은 눈이 많이 내리면서 모든 것이 하얗게 보이고 원근감이 없어지는 상태를 말하는데, 주로 겨울철에 일어난다.

이 현상은 구름층을 통과한 빛이 눈밭과 구름 사이에서 난반사를 되풀이하기 때문에 물체의 그림자가 없어지고, 지형지물의 판별조차 곤란해진다. 사람은 물론 동물들도 지면의 고저나 원근 감각을 잃어버리게 되어 행동에 심한 제약이 따르게 된다.

이렇듯 혹독한 기상조건 탓에 대륙 내부에는 고등 동식물이 거의 없다. 남극의 주인들인 펭귄이나 물개, 바다표범, 조류들 또한 바다 연안에서만 서식한다. 식물은 남극 반도 북부에서 현화(顯花)식물 몇 종이

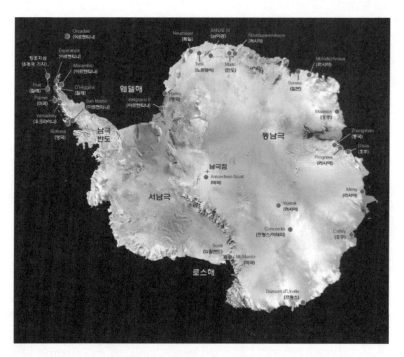

사우스셰틀랜드 군도를 중심으로 남극 대륙에는 20개국 47개 기지가 운영되고 있다

발견됐을 뿐 대부분이 이끼류(70여 종)와 지의류(400여 종)다.

2. 지구상 마지막 대륙을 찾아내다

영국인 제임스 쿡(James Cook, 1728~1779)은 최초로 남극권에 진입한 인물이다. 인류 역사상 가장 위대한 선장 중 한 명으로 꼽히는 쿡은 1772년 7월 남아프리카공화국의 희망봉을 지나 남위 60도 해역을 탐사했다. '미지의 남방 대륙' 을 찾겠다는 목표로 1773년 11월부터는 태평양의 남쪽을 항해했고, 1774년 1월에는 남위 71도 10분, 서경 106도 54분 지점에까지 이른다. 1775년 1~2월에는 사우스샌드위치 섬과 사우스조지아 섬을 발견한 뒤 출항 3년만인 그 해 7월 귀환했다.

그 후 같은 영국인으로 상선의 선장이었던 윌리엄 스미스(William Smith)는 1818년 2월 19일 남위 62도 지점에서 지도에는 나타나 있지 않던 새로운 섬을 찾아냈다. 이는 사우스세틀랜드 군도에 속한 리빙스턴 섬이었다. 스미스는 그 해 10월 15일 리빙스턴 섬 인근에 여러 개의 섬들이 있다는 사실을 확인했다.

스미스의 발견은 해군 대위 에드워드 브랜스필드(Edward Bransfield, 1795~1852)에 의해 1820년 1월 18일 재확인됐고, 1월 22일 도착한 가장 큰 섬은 당시 영국 국왕 조지 3세의 이름을 따서 킹조지 섬으로 명명했다.

현재 킹조지 섬은 우리나라의 세종기지를 비롯해 칠레와 아르헨티나, 러시아, 중국, 체코, 우루과이, 페루, 브라질, 폴란드의 10개국, 11

개 기지가 위치한 남극 과학연구의 '전진 기지' 역할을 하고 있다.

영국에 이어 남극 탐험을 주도한 나라는 러시아였다. 1819년 알렉산드르 1세(1777~1825)로부터 "영국의 쿡 선장보다 더 남쪽으로 내려가 보라"는 명령을 받은 파비안 고틀리예프 폰 벨링스하우젠(Fabian Gottlieb von Bellingshausen, 1778~1852)은 훗날 벨링스하우젠 해라 명명된 남극해 탐험에 나선다.

그는 1821년 1월 남위 70도 부근까지 내려가 당시로서는 남극권 내 '최초의 땅'이었던 표트르 1세 섬과 알렉산드르 1세 섬을 잇달아 발견한 뒤 1821년 8월 귀환했다. 벨링스하우젠이 이끌었던 범주함 보스토크 호와 범선 미르니 호는 각각 현재 남극 대륙의 러시아 관측기지 이름으로 남아 있고, 그의 이름도 1968년 킹조지 섬에 건설된 러시아의 남극 과학기지에 붙여졌다.

비슷한 시기에 미국의 너대니얼 브라운 팔머(Nathanial Brown Palmer, 1799~1877)와 영국의 제임스 웨들(James Weddell, 1787~1834)도 인근 남극해를 탐험하고 새롭게 발견한 섬과 바다에 자신들의 이름을 붙였다. 이후 물개잡이나 바다표범잡이 배들이 남극권을 휘저으며 대량 살상을 자행하는 동안 남극 대륙을 목표로 한 탐험은 소강상태에 접어든다. 1895년 영웅의 시대(1895~1922)에 접어들기까지는 적어도 그랬다.

남극권 지역에서 처음으로 겨울을 난 사람들은 벨기에의 해군 장교 아드리엔 드 게를라쉬(Adrien de Gerlache, 1866-1934)의 탐험대였다. 게를라쉬가 이끈 다국적 탐험대는 1898년 3월 벨링스하우젠 해에서 남극의 얼음에 갇히고 만다.

세종기지가 위치한 마리안 소만 빙벽 앞바다에 유빙들이 들어차 있다

얼음의 이동에 따라 서쪽으로 흘러가기를 13개월. 1899년 3월이 되어서야 배는 얼음 속을 탈출할 수 있었다. 탐험대에 무보수로 참여했던 로알 아문센(Roald Amundsen, 1872-1928)은 이 월동에서의 경험을 발판으로 훗날 남극점 최초 정복이라는 위업을 달성할 수 있었다.

남극 탐험에 있어 절대 빼놓을 수 없는 인물은 영국인 어니스트 섀클턴(Ernest Henry Shackleton, 1874~1922)이다. 그는 1999년 영국의 BBC 방송이 실시한 여론조사에서 지난 1000년간의 가장 위대한 탐험가 10인 중 크리스토퍼 콜럼버스, 제임스 쿡, 닐 암스트롱, 마르코 폴로에 이어 5위에 오를 만큼 대중적 사랑을 받고 있다.

경쟁자였던 아문센이 이미 남극점 정복을 이룬 시점에서 섀클턴이 도전한 것은 남극 대륙 횡단이었다. 1914년 12월 5일, 섀클턴과 대원 27명은 인듀어런스(Endurance)호를 타고 사우스조지아 섬을 출발한다. 하지만 인듀어런스 호는 출항 44일 만에 웨들 해에서 얼음에 갇혀 진퇴양난의 위기에 처했다.

섀클턴은 이후 탐험의 목표를 '남극 횡단'에서 '28명 대원 무사귀환'으로 수정한다. 출항 327일째 인듀어런스 호가 침몰하기 전 하선한 탐험대는 남극해를 떠다니는 빙산에 의지한 채 죽음의 문턱을 오르내려야 했다. 대원들은 1916년 4월 14일, 사우스세틀랜드 군도의 북동쪽에 있는 엘리펀트 섬에 상륙해 한숨을 돌렸다.

열흘 뒤 섀클턴은 5명의 대원과 함께 조그마한 구명보트로 드레이크 해협을 건너 1,280km나 떨어진 사우스조지아 섬으로 구조요청을 떠났다. 그리고 조난 634일째 되던 1916년 8월 30일, 섀클턴을 기다리던 22명의 나머지 대원들은 단 한 명의 희생자도 없이 칠레 원양 항해선에 의해 모두 구조됐다.

섀클턴의 염원이었던 남극 대륙 횡단은 30여년이 지난 1958년에 이르러서야 같은 영국인인 비비안 훅스(Vivian Ernest Fuchs, 1908-1999)에 의해 이뤄졌다. 웨들 해 연안에서 출발한 훅스는 99일 동안 모두 3,472km를 달려 반대쪽 해안에 도착했다.

3. 국제 공동협력 위한 남극조약

남극 대륙은 정확히 말하면 '주인이 없는 땅'이다. 그럼에도 불구하고 주변에 위치한 호주와 뉴질랜드, 칠레, 아르헨티나는 물론 19세기 남극 탐사에 앞장섰던 영국과 노르웨이, 프랑스가 꾸준히 영유권을 주장해 왔다.

이에 미국과 러시아 등은 지속적인 남극활동을 보장받기 위해 남극을 관리하는 국제기구 설치라는 대안을 내놓았다. 국제 지구물리 관측년(IGY, International Geophysical Year)이었던 1957~1958년에 이들 나라가 포함된 12개국이 모두 67개의 남극기지를 설치, 국제 공동연구 사업을 펼쳤다.

미국의 아이젠하워 대통령은 IGY 참가국들에게 국제기구 설치를 제안했고, 이듬해인 1959년 6월 1일부터 본격적인 회의에 돌입했다. 그리고 그 해 12월 1일, 워싱턴에서 12개국 모두 남극조약에 서명하게 된다. 당시 조약 서명국은 미국, 소련, 영국, 프랑스, 호주, 일본, 노르웨이, 남아프리카공화국, 벨기에, 칠레, 아르헨티나다. 이 조약은 1년 반쯤 지난 1961년 6월 23일부터 실질적인 효력을 가지기 시작했다. 발효 30년째인 1991년 어떤 국가도 조약개정을 요청하지 않음으로써 효력은 이미 자동 연장된 상태다.

현재 남극조약 가입국은 모두 45개국이다. 이 중 매년 열리는 '남극조약 자문회의'에 참석할 수 있는 지위를 가진 나라는 조약 서명국 12개국과 자문 회원국 15개국이다.

자문 회원국은 폴란드(1961), 네덜란드(1967), 브라질(1975), 불가리아(1978), 독일(1979), 우루과이(1980), 페루(1981), 이탈리아(1981), 스페인(1982), 인도(1983), 중국(1983), 핀란드(1984), 스웨덴(1984), 한국(1986), 에콰도르(1987) 등이다.

이 외에 비협의 당사국은 덴마크(1965), 루마니아(1971), 파푸아뉴기니(1981), 쿠바(1984), 헝가리(1984), 오스트리아(1987), 그리스(1987),

북한(1987), 캐나다(1988), 콜롬비아(1989), 스위스(1990), 과테말라 (1991), 우크라이나(1992), 슬로바키아(1993), 체코(1993), 터키(1996), 베네수엘라(1999), 에스토니아(2001, 이상 남극조약 가입 연도) 등 18개국이다.

한국은 1986년 11월 28일 33번째로 조약에 가입했고(1989년 10월 자문 회원국으로 승격), 북한은 1987년 1월 35번째 가입국이 됐다.

모두 14개 조문으로 구성된 남극조약은 남위 60도 이남 지역에 대한 평화적 이용, 과학적 탐사의 완전한 자유, 영유권 주장 유보 등을 명시하고 있다.

평화적 이용에 관해서는 군사기지나 군사시설의 설치, 군사훈련, 핵을 포함한 무기실험 등 군사적 성격을 가진 모든 행위가 전면 금지되어 있다. 단 과학적 연구가 목적이거나, 기타 평화적 목적을 위해 군사나 군 장비를 이용하는 것은 허용된다.

과학자들이 주도한 조약인 만큼 과학연구 활동에 대해서만큼은 자유를 한껏 보장하고 있는 것도 남극조약의 특징이다. 또한 국제협력 증진을 위해 과학 조사계획과 관련한 정보와 과학자 및 조사결과를 상호 교환토록 유도하고 있다.

하지만 영유권 분쟁에 대해 남극조약은 어떤 입장도 표명하고 있지 않다. 따라서 이 조약 체결로 인해 영유권을 주장하는 나라들의 근거가 소멸된 것은 아니다. 또한 타 국가의 영유권 주장에 대해 인정이나 불인정의 입장을 표명할 수 없도록 되어 있다.

남극조약은 매우 원론적인 문항으로 이루어져 있기 때문에 환경이나 생물에 대한 보존협약은 이후에 추가로 만들어졌다. 1972년 남극

유빙 위에서 휴식을 취하고 있는 털가죽 물개

물개 보존협약(CCAS)이 이루어진데 이어, 1980년에는 남극 해양생물
자원 보존협약(CCAMLR)이 채택되어 1982년부터 발효되었다.

CCAMLR에 의해 관리되는 지역은 바닷물의 특성에 따라 구분되는
남극수렴선과 대체로 일치한다. 사우스조지아 섬과 같은 주요 어장도
남위 60도 이북이지만, 남극수렴선 안쪽에 위치해 있어 협약수역에 포
함된다. CCAMLR의 회원은 현재 24개국이고, 우리나라는 1985년에 가
입했다.

CCAMLR의 자원관리 방식에서는 개별 생물의 자원량만을 고려하는
것이 아니라, 생태계 전체를 관리 단위로 두고 있다. 또한 해당 생물에
대한 정보가 충분치 않거나, 주요 변수에 대해 정확한 예상을 할 수 없
을 때는 '사전 예방적 조치'를 취하도록 하고 있다. 허용 어획량 결정
은 이 두 가지 근거에 의해 계산된 값 중 낮은 값을 선택한다. CCAMLR

은 어획량 한계를 결정할 뿐 아니라, 각종 생물에 대해 어획 금지구역과 어획 방법을 제한하고, 어획 금지기도 설정해 두었다.

환경보호에 관한 남극조약 의정서(Madrid Protocol)는 1991년 10월 4일 스페인 마드리드에서 열린 제11차 남극조약 협의당사국 특별회의에서 마련됐다.

1982년 9월 말레이시아가 유엔총회에서 남극 환경문제를 거론한 뒤 기존의 남극환경 보호체제가 미흡하다는 사실은 세계적인 공감대를 형성하고 있었다. 이 의정서가 채택됨으로써 남극의 환경보호 규정은 더욱 강화됐고, 남극에서의 모든 인간 활동은 단일한 기준에 따라 규제되기 시작했다.

우선 남극 지역에서의 활동은 환경과 생태계에 불리한 영향을 미치지 않는 범위에서 이루어져야 하고, 남극활동을 위해서는 철저한 사전 정보 확보를 바탕으로 환경 영향 평가를 거치게 됐다.

광물자원활동은 원칙적으로 금지됐고, 당사국간 협력의무 규정과 비상사태에 대한 대응조치 수립의무, 연차보고서 제출의무 등도 부과됐다.

'마드리드 의정서' 또는 '남극환경보호 의정서'라고도 불리는 이 의정서는 국제법으로서도 효력을 지닌다. 각국의 비준을 거쳐 1998년 1월 14일 발효됐는데, 당사국들은 독자적인 국내법을 제정했거나 추진하고 있다. 우리나라도 2004년 '남극활동 및 환경보호에 관한 법률'이 제정됐다.

4. 한국의 남극 진출기

우리나라가 남극에 첫 발을 디딘 것은 1978~1979년 크릴 시범조업을 하면서부터였다. 당시 조업량은 500톤 남짓으로 미미했지만, 향후 남극 진출에 있어서 중요한 교두보 역할을 했다.

남극조약 가입이라는 목표를 세운 우리나라의 움직임은 1985년부터 본격화됐다. 그 해 11월 19일, 우리나라는 CCAMRL에 가입했다. 그리고 열흘 뒤인 11월 29일 한국해양소년단 연맹의 남극관측탐험대가 남극 최고봉인 빈슨 매시프(Vinson Massif, 4897m)를 등정했다. 세계에서 여섯 번째 등정이었다. 당시 탐험대와 별도로 한국해양연구원(당시 한국해양연구소) 소속 연구원 2명은 남극 과학기지 건설에 필요한 자료 수집 활동을 벌였다.

1986년 11월에는 세계에서 33번째로 남극조약 가입에 성공했다. 당시 북한이 함께 남극조약 가입을 신청한 상황이어서 가입 승인을 장담하지 못했지만, 결국 남북한이 함께 가입하는 것으로 결론이 났다(북한은 1987년 1월 35번째로 가입). 남극조약 가입에 성공하자 남극 과학기지 건설도 이내 추진됐다. 당시 여름철에만 이용할 수 있는 하계 기지를 설치하자는 의견도 있었지만, 킹조지 섬에 이미 소련과 중국, 칠레, 아르헨티나, 우루과이, 폴란드, 브라질 등이 상설기지를 가지고 있었다는 사실을 고려해 월동기지로 결정됐다.

1987년 초, 기지 건설이 확정됐고, 4~5월에는 킹조지 섬을 중심으로 후보지 답사가 이루어졌다. 수 개월간의 설계와 감리, 그리고 국내에서의 연습 건설까지 마친 뒤 그 해 10월 6일, 드디어 기지 건설선인

남극 세종기지 입구에서 나부끼고 있는 태극기

'HHI-1200호'가 울산을 출발했다. 2만 5,000톤급의 건설선은 기중기와 덤프트럭, 바지선, 불도저, 굴삭기 등 각종 건설 장비를 실은 채였다. 그리고 칠레의 푼타아레나스에서 건설 인력 200여 명을 태우고 드레이크 해협을 건너 킹조지 섬에 도착했다. 출항 두 달여 만인 12월 15일이었다.

공사는 전광석화 같았다. 도착 다음날 기공식을 가진 세종기지는 이듬해인 1988년 2월 17일 준공됐다. 남극 과학기지 건설에 두 달이 채 걸리지 않은 셈이다. 사우스셰틀랜드 군도에 속한 킹조지 섬의 바톤 반도. 남위 62도 17분, 서경 58도 47분이었다. 준공 당시 규모는 본관동, 주거동, 연구동, 발전 및 식품저장동, 장비지원동, 지자기 및 지진파 관측동 등 총 420평이다.

어엿한 남극기지를 가지게 되자 국제사회에서도 우리나라의 남극 관련 지위를 인정했다. 1989년 10월 남극조약 특별협의회에서 핀란드, 페루와 함께 협의 당사국으로 지정된 것이다. 이듬해 7월 브라질에서 열린 21차 남극과학위원회(SCAR)에서도 정회원국(22번째)으로 승격하면서 남극에서의 활동 보폭을 점차 넓혀갔다.

세종기지에는 1988년 1차를 시작으로 매년 15~17명의 월동대원들이 파견됐다. 2006년 12월에는 이상훈 대장을 필두로 20차 월동대원 17명이 1년간 기지를 책임지기 위해 동토의 땅에 발을 디뎠다.

그렇다면 남극점을 처음 정복한 한국인 탐험가는 누구일까. 한국 산악계의 선구자라 할 수 있는 허영호씨가 그 주인공이다. 1990년과 1991년 두 차례 북극점에 도전했다 모두 실패했던 그는 목표를 남극점으로 바꿨고, 1994년 1월 10일 남극점에 자신의 발자국을 남겼다. 그는 여세를 몰아 1995년 5월 7일 북극점 정복에도 성공함으로써 세계에서 3번째로 세계 3극점(에베레스트, 북극점, 남극점)을 정복한 사나이가 됐다.

3
세 종 기 지
사 람 들

내가 세종기지를 2004년 6월에 이어 2006년 11월 두 번째 방문했을 때도 기지의 모습은 조금도 변하지 않았다. 오전 7시면 아침식사 시간을 알리는 음악이 울려 퍼지는 것도, 저녁식사 후에 많은 대원들이 목욕탕 옆 헬스장으로 몰려드는 것도 그대로였다. 우연이겠지만 나에게 배정된 방까지도 숙소 2동의 204호실로 똑같았다.

달랐다면 겨울로 접어드는 6월에 비해 여름이 다가오는 11월은 기지 주변의 눈이 많이 녹은 모습이다.

오후 5~6시면 해가 뉘엿뉘엿 넘어가던 겨울철에 비해 초여름의 남극은 밤 10시 이후까지도 어둠의 진입을 허락하지 않는다. 이렇게 닮은 듯 다른 세종기지의 두 모습을 추억할 수 있다는 것 자체가 나에게는 큰 행운이다.

1. 세종기지 대원들의 일과

서울에서 1만7,240㎞ 떨어진 남극 킹조지 섬의 세종과학기지. 한국 과학의 최전선에 서 있는 극지 사나이들의 하루 일과는 어떨까. 세상에서 가장 특별한 세계에 살고 있는 극지 젊은이들의 일상에는 팽팽한 긴장감 속에서도 그들만의 여유와 멋이 깃들어 있었다.

아직은 한밤인 듯 어둠이 걷히지 않은 10월 2일 오전 7시. 세종기지의 하루는 이형근(29 · 통신통역) 대원의 음악방송으로 시작된다. 그는 "아침마다

세종기지는 서울에서 무려 1만7,240㎞ 떨어져 있다. 거의 지구 반대편에 위치해 있어 시차도 12시간이 난다

기분 좋은 음악을 선택하는 것도 꽤나 고민되는 일"이라며 웃는다. 이 음악방송은 식사 시간 10분 전부터 어김없이 울린다. 덕택에 대원들이 '밥 때'를 놓치는 일은 드물다. 남극이란 고립된 장소에서 '식사만은 함께'라는 것은 기지 내의 불문율이다.

시설 유지와 안전을 책임지고 있는 김영진(42) 유지반장과 김홍대(30) 대원은 밤사이 기지 피해상황을 확인하는 것으로 일과를 시작한다. 기지는 760여 평 대지에 자리 잡은 본관동과 연구동, 숙소동 외에도 해안가 곳곳에 관측소와 창고가 배치되어 있다. 블리자드(눈보라를 동반한 강풍 현상) 등 갑작스런 기상현상에 대비한 시설 유지는 월동 대원의 핵심 업무다. 아이스 바이크를 타고 기지 순회를 마친 김영진 반장은 "그저께부터 날씨가 괜찮아 걱정할 만한 일은 없더라"며 여유 있게 인사를 건넨다. 웃음이 맑다. 새 고무보트 조립을 위해 창고동 쪽으로 바쁘게 걸음을 재촉했다.

연구동의 아침은 부산하기 그지없다. 생물연구원 정웅식(30) 대원은 오전 8시 30분쯤 부두에서 해수를 한 바가지 담아 실험실로 향했다. 매일 수온이나 염분 농도 측정 등 간단한 실험을 직접 하고, 정밀분석이 필요한 부유물질은 냉동 저장해두는 것이 그의 임무다. 일 욕심이 많은 그는 "자체 발전이다 보니 전기 공급이 불안정해서 하고 싶은 실험들을 다 할 수가 없다"며 아쉬워했다.

기상청에서 파견 나온 이재신(41·기상예보관) 대원은 기상관측 자료 분석에 열중한다. 그는 "이틀 전만 해도 영하 10℃에 바람도 심했는데, 운이 좋다"며 "블리자드를 겪어보지 않고선 남극 가봤다는 얘기 하지 마라"고 짓궂은 농담을 건네왔다. 실제 그가 내민 관측 기록들을 보면 풍속 49.5m/s, 1회 적설량 225㎝, 64시간 동안 지속된 블리자드 등 경험하지 않고서는 절대 믿지 못할 정도의 수치들이 즐비하다.

소수 인원만 생활하다 보니 바쁜 일과 속에서 여유를 찾고자 하는 방법도 가지가지다. 점심 식사 후 벌어지는 당구 게임은 그 중 하나다. 게

월동대원들이 한 자리에 모이는 식사 시간

임에서 진 사람은 이날 모든 대원들의 커피를 책임져야 한다. 어디서
든 '공짜'는 매력적이다.

"난 설탕 한 스푼에다 프림 두 스푼!"

게임에 이긴 사람보다도 '아무나 이겨라'며 응원하던 구경꾼들의
요구가 더 까다롭다. 윤호일(44) 대장은 "기지 내 안전사고 예방과 더
불어 가장 중요한 게 대원들 간의 조화"라며 즐거워하는 대원들의 모
습에 흐뭇해했다.

건장한 '대한 건아'들은 운동에 대한 관심도 남다르다. 세종기지 공
식 '몸짱' 김홍귀(33·중장비 운전) 대원을 목표로 삼은 대원 7~8명

은 매일 저녁 창고동 한 쪽에 마련된 헬스장을 찾는다. 여기에다 한국인 특유의 '오기'까지 가미돼서인지 해마다 열리는 남극올림픽에서 세종기지 성적은 눈부시다.

남극올림픽은 한국, 중국, 칠레 등 킹조지 섬에 있는 8개국 기지 사람들끼리 매년 가지는 체육대회인데, 세종기지는 지난해 종합우승을 비롯해 연구동 한 켠에 쌓인 트로피만 10개가 넘는다.

대원들 모두 운동만을 취미로 삼는 것은 아니다. 진준(31·발전소 관리) 대원은 "아내에게 줄 선물"이라며 십자수 놓기에 한창이고, 황규현(27·공중보건의) 대원은 시간이 날 때마다 사진을 찍느라 부지런을 떤다. 물론 몇몇 '주당'들에겐 동료들과 함께 하는 술자리가 가장 보석 같은 시간이다. 오후 10시 이후부터 허용되는 음주는 보통 자정 이전에 끝내야 하는 것이 관례이지만, 외부 손님 핑계를 대면 특별히 늦은 시각까지 허용되기도 한다.

이곳에선 양주보다 고향의 맛과 정취를 뽐내는 소주가 더 귀한 대접을 받는다.

"소주가 '금(金)주'지예."

걸쭉한 경상도 사투리의 김남훈(33·요리) 대원도 소주를 마시는 날이면 얼큰한 안주 한 그릇을 흔쾌히 준비한다. 여기에다 건물 밖 천연냉장고는 세상에서 가장 시원한 술맛을 보장한다. 소주 한 잔에 이런저런 농담을 주고받으며 지친 하루를 마감하는 세종기지 대원들. 미지의 세계를 일터로 삼고 살아가는 이들이 간절히 원하는 것은 어찌 보면 '평범한 일상'일지도 모른다.(2004년 7월 6일, 세계일보 1면)

2. 생명줄과도 같은 협력체제

바다로 나가기 위해 고무보트인 '해신 1호'와 '해신 2호' 운항이 결정되면 세종기지 월동대원 17명 전원이 긴장감에 휩싸인다. 우선 중장비 기술자인 주형수(34) 대원이 포클레인으로 고무보트를 부두에 내려 놓는다. 탑승인원 외에도 2~3명 정도는 부두에 대기해야 하는 것은 물론이다. 고무보트에 조금이라도 이상이 생기면 전기설비담당 김홍대(31) 대원이 즉시 투입된다.

12시간씩 교대근무를 하는 기상담당 조갑환(40)·박정민(33) 대원은 실시간 풍속이나 기온, 파고에 대한 정보 전달을 위해 동료들의 무사 귀환 때까지 자리를 떠날 수 없다.

무전기를 통해 그 정보를 2대의 고무보트에 알려야 하는 이상훈(29·통신) 대원도 마찬가지다. 고무보트는 항상 2대가 함께 움직이는 것이 철칙이다. 기상 변화가 극심한 남극 바다에서는 어떤 예상치 못한 사고가 닥칠지 모르기 때문이다. 이 같은 일련의 과정은 마치 톱니바퀴가 굴러가는 듯하다.

비단 고무보트를 운영할 때만이 아니다. 1월 남극에 입성해 이듬해 1월까지 13개월간 혹독한 남극을 견뎌야 하는 월동대원들에게 협력체제는 곧 '생명줄'과도 같은 존재다. 송환석(36·생물)·권창우(29·지질)·조환성(29·고층대기) 대원 등 연구원들도 자신만의 힘으로는 연구 활동을 지속해 나갈 수가 없다.

대원들의 건강을 책임지기 위해 파견된 고경남(32·의사) 대원도 때론 황금석(33·주방장) 대원을 보조해야 하는 게 남극에서의 현실이

고무보트를 바다에 띄울 때면 포클
레인이 동원되는 것은 물론, 월동
대원 대부분이 부두에 나와 일을
돕는다

다. 일부 대원이 조금이라도 떨어진 지역으로 탐사를 나갈 경우 기지
에 남은 대원들이 수시로 차량 지원 여부를 체크하는 모습은 그들만의
생존방식을 여실히 보여주는 듯했다.

블리자드라도 들이닥치면 정상준(42) 시설유지반장 등은 초비상이
다. 장비 곳곳에 파고든 눈이 녹으면서 문제를 일으키는 경우가 다반
사이기 때문이다. 이렇듯 월동대장 이하 17명의 전문가들이 빈틈없이
메워 돌아가는 남극기지. 이곳이야말로 세상에서 가장 분업화된, 또
세상에서 가장 공동체적 성격을 지닌 장소임이 분명해 보인다.(2006년
11월 22일, 세계일보 26면)

3. 남극기지 사람들이 지켜야 할 것들

'남극 지역에서의 기상은 수시로 변할 수 있고, 폭설 및 강풍 등으로 인하여 지형·지물이 항상 변할 수 있다는 사실을 명심해야 한다.'

지구상에서 가장 추운 지역에서 생활하는 세종기지 대원들. 이들이 반드시 숙지해야 할 사항에는 어떤 것들이 있을까.

한국해양연구원은 매년 새롭게 선발된 남극 세종기지 월동대원들에게 일종의 지침서를 나누어준다. 대원들은 월동 중에 항상 이 지침들을 의무적으로 숙지하고 있어야 한다. 이 중에서도 특히 강조되는 부분은 바로 '안전관리 지침'이다. '기지영역 외에서의 안전관리'의 경우에는 대원들의 생명과 직결되기 때문에 이를 어기면 안전띠 없이 번지점프를 하는 것과 다를 바 없다.

대원들이 기지 외부 지역으로 출발하고자 할 경우에는 우선 기지대장에게 출발목적, 귀환시간, 목적지, 동행자 등을 철저히 보고한 뒤 승인을 받아야 한다. 이때도 반드시 2인 이상이 동행해야 하고, 만약의 사태에 대비한 비상장비, 식품, 연료, 식수 등은 필수품이다. 현장 책임자의 경우 매 시간마다 현재 위치와 이상 유무를 기지로 통보해야 할 의무도 가진다.

실제 2004년 세종기지를 찾은 우리 일행을 펭귄마을까지 안내한 정웅식(생물연구원) 대원은 30여 분 거리를 걸어가면서 수시로 기지와 연락을 했다.

"지금 도착했습니다."

"조금 있다 떠나겠습니다."

기지 통신실의 교신대장에는 언제 누구와 교신을 했는지가 꼼꼼히 기록되어 있다

"지금 기지로 귀환중입니다."

다소 귀찮다 싶을 정도의 보고였지만 "월동대원들에게는 생존수단과 같은 역할을 한다"고 말하는 정웅식 대원의 표정이 워낙 진지해 우리는 순간 숙연해졌다.

세종기지 근처에는 세종봉, 인수봉 등 우리나라 지명을 붙여놓은 산들이 꽤 있다. 기지 대원들 중에는 등산을 즐기는 경우도 있는데, 여기에도 꼭 지켜야 할 법이 있다. 절대 땀이 날 정도로 빨리 걸어서는 안 된다는 것이란다. 그리 높지 않은 산이고, 등산로가 길지 않다고 해서 남극의 날씨마저 만만한 것은 아니다. 조금 무리했다가 땀이 난 상태에서 내리막을 내려오다 보면 동상에 걸리기 십상이기 때문에 이는 절대 금기사항이다.

또 있다. 만약 타국 기지를 방문할 때는 단 1~2시간을 다녀오더라도 생활용품을 꼭 챙겨야 한다. 기상변화가 워낙 심하기 때문에 언제 어떤 사태가 벌어질지 아무도 모른다는 게 대원들의 설명이다.

대원들에겐 안전지침 외에도 '자연환경보호와 활동지침' 또한 매우 중요한 부분이다. 남극에서는 펭귄이나 물개 등의 포획은 물론 접근마저 금지되고, 심지어는 이끼류와 지의류 등 식물을 함부로 밟는 것도 허용되지 않는다. 지침서는 이에 대해서 '이미 닦여진 통행로를 이용

남극에는 식물이 살기 힘든 환경이기 때문에 뿌리를 내리지 못하고 돌 위에 붙어 자라는 지의류가 널리 번식하고 있다

해야 하며, 불가피할 경우에도 동·식물의 서식지를 피해야 한다' 는 문구를 정확히 명시하고 있다.

무지했던 나는 얼음 위에서 미끄러지지 않으려고 이끼 등을 골라서 밟고 다니다 정웅식 대원에게 호된 꾸지람(?)을 들어야 했다.

"지금 밟으신 게 아마 수십 년도 더 자란 식물일 겁니다. 기자님보다도 나이가 많은 분이니 밟지 마세요."

4. 남극에서 두 번이나 만난 인연

2006년 내가 두 번째 남극을 찾았을 때, 유난히도 반가워하는 이들이 있었다. 정상준 반장과 김홍대 대원이었다. 19차 월동대원들과는 2005년 11월 발대식에서 잠깐 안면을 텄었지만, 이들 두 명과는 또 다른 인연이 있었다. 이들은 2004년, 비록 1박 2일의 짧은 일정이었지만 내가 세종기지를 방문했을 때 겨울을 나고 있던 17차 월동대원이었다.

머리를 한껏 길러 뒤로 묶은 정상준 반장과 마치 내일 군에 입대할 것처럼 머리를 짧게 깎은 김홍대 대원. 남극이라는 먼 타향에서 2년 5개월 기간에 또 다시 마주한 인연은 나에게도 무척 소중하게 남을 것 같다.

정상준 반장은 동료 4명과 함께 본진보다 두 달 빠른 2005년 11월에 남극에 도착했다. 시설유지반장이라는 직책은 시설, 중장비, 전기설비, 해상안전 등 대원 6명을 총괄해야 하는 중요한 자리다. 필요한 부속품을 제때 공급받지 못하는 상황에서 10여 개 건물이 들어선 기지를 유지한다는 것은 결코 쉽지 않은 일이다. 2년 전 월동의 경험을 살린 정상준 반장은 큰 사고없이 여러 요원들과 함께 기지를 잘 꾸려가고 있었다.

김홍대 대원은 19차 월동을 하는 동안 꽤 수준 높은 다큐멘터리 몇 편을 제작했다. '그 날도 야채는 들어오지 않았다' 가 대표작. 칠레 공군 수송기에 야채 보급물량이 실려 올 것이라는 소식에 프레이 기지까지 넘어가 몇 시간을 기다렸지만, 결국 야채를 받지 못했다는 슬픈(?) 스토리를 담고 있다.

10여분짜리 동영상에는 가끔 재치 있는 자막도 등장한다. 이 때문에 그는 동료 대원들로부터 '김 감독' 이라는 싫지 않은 별칭도 얻었다. 처음부터 동영상을 제작해 보겠다는 생각은 없었다고 한다. 그렇지만 남극에서 두 번째 월동을 하는 만큼 뭔가 의미 있는 추억 하나쯤은 만들고 싶다는 욕심이 생겼고, 이를 자신의 조그만 캠코더가 어느 정도는 해결해줬다고 김홍대 대원은 말했다.

내가 남극을 떠나기 전 슬픈 일이 있었다. 11월 24일 밤 김홍대 대원의 아버지가 돌아가셨다는 비보가 전해졌다. 세종기지 본관동에는 조그만 분향소가 설치됐다. 하지만, 남극이라는 곳에 있다는 '죄'로 부친의 장례식장 마저 찾지 못한 그의 아픔을 누구도 가늠할 수 없을 것이다. 이 기회를 빌어서 다시 한 번 고인의 명복을 빈다.

5. 2명으로 늘어난 기상요원

17차 월동대원까지 기상청에서 파견되는 기상요원은 1명이었다. 그러다가 2005년 18차 때부터 2명으로 늘어났는데, 보다 몸이 편해졌으리라는 나의 예상은 여지없이 빗나갔다.

이제 불혹의 나이에 접어든 조갑환 대원은 항상 충혈된 눈, 정돈되지 않은 모습으로 대기과학실 근처만을 맴돌았다. 기상요원들은 처음 세종기지로 와서 떠나는 날까지 하루 12시간씩 교대근무를 한다. 2주일만에 한 번씩 낮밤 근무를 바꾸는데 낮 근무 마지막 일요일은 24시간 자리를 지켜야 한다.

남극이라는 멀고 먼 땅에서 13개월을 버텨야 하는 월동대원들의 삶. 그 중에서도 기상요원들의 활동공간은 세종기지의 한 사무실에 국한되는 것이다. 다른 월동대원들은 조갑환 대원을 두고 "어떻게 1년간

조갑환 대원이 칠레 기지와의 무전을 통해 기상 관측 자료를 전달하고 있다

남극에 있으면서 고무보트 한 번을 안 타냐" 며 놀리지만, 그만한 이유가 있는 셈이다.

조갑환 대원은 1년이 다 돼가도록 제대로 찍어둔 사진 한 장 없다는 게 늘 아쉽다고 했다. 그래서 내가 세종기지에 머물 때 그는 낮 근무가 끝나는 저녁 무렵 피곤함을 무릅쓰고 40~50분 거리인 '펭귄마을' 까지 홀로 '출장' 을 다녀오곤 했다.

오후 3시 가까워질 무렵. 조갑환 대원이 갑자기 종이 몇 장을 들고 통신실을 향했다. 이내 무전기를 붙잡고는 유창한 스페인어를 읊기 시작했다.

"우노, 우노, 꽈뜨로, 우노, 우노, 도스…"

자세히 들어보니 한참 동안이나 숫자를 얘기하고 있다. 즉, 교신 내용은 다음과 같았다.

"1, 1, 4, 1, 1, 2⋯."

킹조지 섬의 모든 기지에서는 오전 3시부터 6시간 간격으로 하루에 4번씩 칠레 프레이 기지로 숫자 코드의 기상정보를 전달한다. 프레이 기지는 이를 또 세계기상기구(WMO)에 전달하게 된다. 전 세계의 기상정보가 네트워크화 되어 있는데, 남극 역시도 중요한 축을 담당하고 있을 것이다.

또 한 명의 기상요원인 박정민 대원을 만난 것은 세종기지에 도착한 지 3일 지난 뒤였다. 당시 밤 근무를 하던 탓에 마주칠 일이 없었던 것이다. 기상청 예보국에 근무하다 남극에 파견됐다는 박정민 대원은 말주변이 좋은 대원이었다. 늘 밤샘을 하느라 피곤함이 극에 달했을 텐데도 여유를 잃지 않고, 늘 얼굴엔 웃음이 만연했다. 그가 남긴 말이 걸작이다.

"기상청에서 예보를 할 때는 틀리면 욕을 먹긴 하지만, 대부분 얼굴도 모르는 사람들이 하는 거죠. 그래서 마음은 편했어요. 그런데 여기서는 예보를 한 번 잘못하면 기지의 하루 일정이 꼬이게 되는 겁니다. 불평을 가질 만한 사람들이 늘 마주보고 사는 동료들이다 보니 얼굴을 들고 다니질 못하죠."

사실 남극이라는 곳, 그 중에서도 사우스셰틀랜드 군도 내 킹조지 섬의 날씨를 정확히 예상한다는 것은 쉬운 일이 아니다. 문제는 월동대원들의 활동반경을 결정하기 위해서는 그보다도 더 범위를 좁혀 세종기지가 있는 바톤 반도 주변의 날씨를 예측해야 한다는 데 있다. 더구

세종기지에 파견되는 생물연구원은 정기적으로 바다에 나가 환경감시 및 생물 데이터 수집을 위한 해수 채취 작업을 한다.

나 킹조지 섬 주변은 저기압 골이 자주 들어오기 때문에 날씨 변화가 극심하기로도 유명하다. 이런 상황에서 매일 아침 회의 때 기상 브리핑을 해야 하는 기상요원들이 얼마나 스트레스를 받을지 짐작이 간다.

6. 주방장의 비애

세종기지 월동대원 중 주방장이란 결코 쉬운 자리가 아니다. 아니, 선발돼 오는 것조차도 간단치가 않다. 19차 월동대원의 식사를 책임진 황금석 대원도 60대 1의 경쟁률을 뚫고 남극에서 밥을 짓고 있다.

주방장은 누구보다 먼저 일어나야 하고, 또 누구보다 늦게 잠자리에 드는 경우가 허다하다. 일요일을 제외하고는 오전 7시부터 아침식사를 시작하기 때문에 전날 저녁에 미리 준비를 해두더라도 일찌감치 주방으로 출근해야 한다. 하지만, 이런 신체적인 어려움은 주방장이 겪는 '고초'의 아주 일부분일 뿐이다.

가장 큰 문제는 부식이 부족할 때다. 특히 싱싱한 야채에 대한 고민은 1년 내내 계속된다. 월동대원들이 들어올 때 냉동식품들이 대량 들어오고, 이후로는 1~2달에 한 번씩 500kg의 부식이 공급된다. 그때 채소나 과일도 들어오는데, 그 날 식사량은 껑충 뛰기 때문에 음식을 준비한 주방장이 당황스러워 할 정도란다. 일례로 2006년 10월 23일 들어온 채소는 겨우 일주일을 버텼다고 한다.

체험단이 머물고 있던 11월 중순, 채소 200kg이 추가로 들어왔다. 채소가 들어온다는 소식에 술렁이는 월동대원들의 표정은 마치 며칠을 굶은 듯, 애처로워 보였다. 상황이 이럴진대, 주방장의 마음이 편할 리 없다. 마음으로야 있는 만큼 잔뜩 주고 싶겠지만, 채소나 과일이 떨어지고 난 뒤를 감당하기 힘들어서다. 자신의 음식을 앞에 두고 실망하는 표정을 보고 싶은 요리사가 어디 있겠는가.

월동대원들은 일반 사람들이 생각하는 만큼 식사량이 많지 않다. 추운 곳에서 살려면 많은 칼로리 소모가 필요할 것 같지만, 실제 남극의 겨울은 밖에서 활동을 할 만큼의 상황이 못 된다. 북극곰이 동면을 취하는 동안에는 그 다지 많은 열량을 소비하지 않는다는 점을 생각하면 이해하기가 쉬울 것이다.

황금석 대원은 처음 이 곳에 올 때 매일 2,600~2,800㎈를 소비할 것으로 예상했었는데, 정작 19차 대원들은 2,300~2,500㎈만 먹는다고 했다. 그는 이야기를 마무리하기 전, 21차 월동대로 꼭 남극에 다시 오고 싶다고 했다(월동대는 2년 연속 할 수는 없다). 뭐가 그리 좋았을까. 그는 남극에서 동료 16명과 가족처럼 지내는 것도, 뭔가 따뜻한 느낌이 드는 것도 좋다고 했다. 주방을 쉽게 비우지 못해 1년 내내 외부활동이 거의 없었지만, 또 부식 때문에 내내 마음을 졸이기도 했지만, '세종회관'의 19번째 주인은 남극에 완전히 마음을 빼앗긴 듯했다.

세종기지에서는 대부분의 물자를 여름철인 11~2월 들어가는 하계 연구선을 통해 보급 받고, 모자라는 물품은 근처 칠레 기지의 군사 공항을 통해 조달한다. 물론 겨울철인 5~11월에는 이 공항마저도 폐쇄되기 때문에 보급도 완전히 끊어진다. 기름은 2년에 한 번씩 주유선이 들어와 공급받는다.

보급품과 관련한 에피소드는 많다. 가장 대표적인 경우가 첫 월동대 파견 당시다. 남극에서 1년간 생활하기 위해서 얼마만큼의 식품이 필요한지 전혀 데이터가 없던 시기였던 만큼 보급품은 열악하기 짝이 없었다.

특히 한식 재료가 턱없이 부족했고, 간식거리는 거의 전무하다시피 했다. 결국 대원들은 기지 건설을 마치고 돌아가는 현대중공업의 배에서 음식 재료를 훔쳐야(?) 할 수 밖에 없었다. 1차 월동대원으로 참여했던 정호성 박사(그는 15차 월동대장으로 활약하기도 했다)는 당시를 이렇게 회상한다.

"배에서 허락도 받지 않은 채 무작정 음식들을 들고 나왔었죠. 선원들도 처음에는 안 된다고 했지만, 하도 어이가 없었는지 별 제지를 않더라고요. 아마 처음 수송해 온 보급품보다 배에서 가지고 나온 양이 더 많았을 겁니다. 그랬는데도 9월이 되니까 음식 재료가 동이 나더군요."

물론 이 같은 일은 거의 사라졌다. 세종기지 개설 20년이 임박한 만큼 보급품에 대한 통계치도 상당히 누적이 됐기 때문이다. 이제는 1년에 어떤 보급품이 어느 정도 필요하다는 예상이 크게 어긋나지 않게 됐다. 하지만, 개인 차이도 있고, 그 해의 상황 하나하나에 민감할 수밖에 없다 보니 보급품 관리는 세종기지 운영에 있어 여전히 숙제로 남아 있다.

7. 아저씨는 발전을 연구해요

세종기지에서 발전을 담당하고 있는 신길호 대원은 해양경찰 출신이다. 체험단과 첫 인사를 나누던 자리에서 그가 얘기한 경험담은 당시 폭소를 자아내긴 했지만, 뼈 있는 말이다.

세종기지는 과학기지다. 그러나 월동대의 역할은 연구보다는 기지 유지에 주안점을 두고 있다고 보는 것이 옳다. 19차에도 최문영 대장을 포함해 4명의 연구원이 파견됐지만, 남극의 겨울은 연구 활동을 벌이기엔 너무 열악하다. 그래서 하계 기간이 되면 60~70명의 연구원들이 집중적으로 활동하는 것이다. 하계에만 운영하는 해외 기지들도 여럿 있다.

그런데, 일반 국민들의 인식은 이와 차이가 있다. 특히 어린이들의 경우, 남극에서는 과학자들만이 고군분투한다고 생각한다. 틀렸다고 할 수는 없지만, 이런 과학자들이 마음 놓고 자신의 연구를 할 수 있도록 디딤돌 역할을 하는 사람들은 상대적으로 저평가 되어 있다는 사실이 아쉬울 뿐이다.

신길호 대원의 경우도 어린이들과 세종기지 대원들 간의 화상통화를 하는 자리에서 "아저씨는 뭘 연구해요?"라는 당찬 질문에 멋쩍어할 수밖에 없었단다. 그래서 되돌려준 답변은 "아저씨는 발전을 연구해요" 였다고 한다.

신길호 대원을 비롯해 정상준 유지반장, 김기호(중장비 정비), 주형수(중장비 운전), 임현식(시설유지), 이재석(해상안전), 김홍대(전기설비) 대원 모두가 이 같은 생각에 공감한다. 이것은 비단 19차 월동대만의 이야기는 아닐 것이다.

한 가지 예를 더 들어보면 '남극의 팔방미인' 포클레인이다. 포클레인의 활약은 그야말로 눈부시다. 우선 고무보트를 띄울 때 포클레인이 창고에 보관돼 있던 고무보트를 들어 바다에 내려놓는다. 장비가 무거울 때도 포클레인이 동원된다.

겨울 내내 얼어 있던 기지 주변 바닥을 정비할 때도 주형수 대원은 어김없이 포클레인을 몰고 나타난다. 바지선을 대기 위해 해안가 땅을 고를 때도, 심지어는 해안가에 들어찬 유빙을 치울 때도 동원되는 것이 이 장비다.

체험단은 기지에서 머문 20일 동안 주변 지역 곳곳을 대부분 고무보트를 타고 이동했다. 처음 떠날 때나 탐사를 마치고 돌아왔을 때 항상 인사를 나누게 되는 대원들이 바로 이들이었다.

포클레인이 부둣가에 있는 유빙을 치우는 모습

혹자는 이렇게 말했다. 세종기지에 있는 월동대원들은 주위의 도움을 받지 않고 살아남을 수 있는 최소의 인원으로 구성된 것이라고.

8. 유종의 미, 하역작업

11월 21일 세종기지 앞 마리안 소만에 드디어 거북(GEBUK)호가 떴다. 물이 차기를 기다리기, 그리고 파고가 낮은 좋은 날씨를 바라기 며칠 만에 이루어진 일이었다. 17톤급의 거북호는 2005년 1월 세종기지에 들어온 바지선이다. 11월 25일 새벽 하계 연구선이 입항하면 연구장비와 보급품 등을 기지로 실어 나르는 것이 이 배가 맡은 임무다.

직업이 뱃사람이 아닌 이상 바지선을 자유자재로 부두에 접안시킨 다는 것이 결코 쉬운 일은 아니다. 고무보트를 밥 먹듯 타는 월동대원 들도 분명 뱃사람은 아닐 터. 그래서 하계 연구선이 들어오기 전 대원 들은 몇 번이고 예행연습을 한다.

　운전은 해양경찰청에서 파견 나온 이재석 대원이 맡았다. 그는 해상 안전을 위한 요원으로 고무보트 운전을 도맡고 있다. 해양경찰답게 배 를 지휘하는 모습이 무척이나 듬직하다.

　이재석 대원이 기지 부두에 거북호를 가까이 대면 갑판 앞뒤에 배치 된 대원들이 단단히 줄을 동여맨다. 이때도 대원 간 호흡이 무척 중요 하다. 어느 한 쪽만 힘을 지나치게 주다보면 배 한 부분이 부두에 부딪 힐 수 있다.

　이 때문에 부두에 대기하는 대원들도 충격방지용 부표를 들고 이리

2005년 세종기지에 투입된 거북호

저리 뛰어다녀야만 한다. 첫 실험 주항은 기지 앞 대형 유빙을 3번 돌아오는 것으로 마침표를 찍었다. 이후로도 며칠 동안 거북호는 물론, 고무보트와 포클레인 등 주요 장비 점검은 쉬지 않고 계속됐다.

드디어 하계 연구선이 도착하던 날. 예정보다 거의 하루가 앞선 24일 오전 7시 10분. 러시아에서 임대한 하계 연구선 유즈모 호(4,400톤급)가 마리안 소만에 닻을 내렸다. 기지의 전 월동대원이 즉시 하역에 투입됐다. 유즈모 호에서 짐을 실어온 거북호가 부두에 도착하면, 포클레인과 트럭 등을 총동원해 물품을 실어 나른다.

물론, 생각보다 진척 속도가 빠르지 않다. 유즈모 호에서 거북호로 짐을 옮겨 싣는데 생각보다 많은 시간이 소요되기 때문이다. 석양이 질 무렵 월동대원들이 때늦은 저녁식사를 했다. 이 때 겨우 거북호는 두 번 왕복했을 뿐이었다. "거의 끝났어요"라는 힘찬 목소리들. 그러나 거북호는 그 후로도 두 번을 더 왕복했고, 하역작업은 자정을 훨씬 넘겨서야 끝이 났다.

그나마 이번 하역은 매우 빨리, 순조롭게 이뤄진 것이라고 한다. 마리안 소만은 바람 한 점 없었고, 때문에 바다 또한 호수와도 같았다. 파도가 칠 때마다 바지선이 이리 쏠리고, 저리 쏠리면서 빼앗기는 시간들을 아낄 수 있었던 것이다. 물론, 이번 하역품은 하계 기간 동안 쓸 연구 장비들과 일부 냉동식품에 불과했다. 다음해 월동용 보급품 대부분이 들어오는 1월에는 2박 3일 동안 한 시간도 쉬지 않고 하역작업이 이루어질 것이다.

유즈모 호에서 내린 하계 연구원들로 세종기지가 북적해졌다. 최고 67명까지 수용할 수 있는 기지는 11월 말부터 이듬해 2월까지 최고 효

보급품 하역작업. 세종기지에서 포클레인이 못하는 일은 없다

율로 가동된다. 극지연구소는 물론, 각 대학의 연구원들이 연구선 및 기지 활용 계획에 대해 수개월간 머리를 맞대왔을 것이다. 지난 1년간 기지를 잘 지켜온 월동대원들도 이제 수확을 한다는 심정으로 마지막 두 달을 바쁘게 보낼 것이다.

9. 세종기지는 업그레이드 중

2008년 2월이면 세종기지도 약관의 나이인 스무 돌을 맞게 된다. 이를 앞두고 세종기지는 국제 극지 연구의 주역으로 발돋움하기 위한 업그레이드 프로젝트가 한창이다.

우선 한-칠레 남극 공동연구센터가 곧 설립된다. 장소는 칠레 남극연

남극 세종기지. 오른쪽 2개 동은 숙소동이고, 왼쪽 앞이 연구동, 뒤쪽이 본관동이다. 멀리 백두봉이 보인다

구소(INACH)가 위치한 푼타아레나스로 결정됐다. 한국의 극지연구소와 칠레 남극연구소는 이미 구체적인 사항에 대한 합의를 마쳤다.

칠레는 남극에서 가장 가까운 나라다. 킹조지 섬에는 공군이 운영하는 프레이 기지를 갖고 있고, INACH도 에스쿠데로 과학기지를 별도로 운영하고 있다. 우리나라 연구원 상당수는 칠레 푼타아레나스에서 프레이 기지까지 칠레, 우루과이, 브라질 등 남미 나라들의 공군 수송기를 이용한다.

이 같은 지리적 위치 때문에라도 칠레와의 극지 공동연구는 세종기지는 물론, 우리나라 극지연구 전체에 큰 기폭제 역할을 할 것으로 기대된다.

또 2007년 2월 프레이 기지와 이웃한 러시아 벨링스하우젠 기지에 우리나라 하계 연구원들을 위한 독립공간이 마련되었다. 이는 벨링스

남극의 바다 한가운데서 보는 펄럭이는 태극기는 마음을 뭉클하게 만든다

하우젠 기지 건물 중 하나를 리모델링한 다음, 양국이 함께 사용키로 합의한 데 따른 것이다. 이로써 한-러시아 연구협력 체제 강화는 물론, 연구원과 세종기지 월동대원들의 안전문제도 상당 부분 해결될 전망이다.

프레이 기지에서 세종기지까지는 고무보트로 40~50분 정도 떨어져 있다. 그러나 그날그날의 기상상황에 의존할 수밖에 없다. 게다가 다른 나라의 기지에 무작정 신세만 질 수 없기 때문에 가끔 무리한 운행을 감행하기도 한다. 러시아 기지에 실험동 겸 숙소가 마련됐기 때문에 이제는 이런 위험부담을 안지 않아도 될 것으로 보인다.

월동대원들을 위한 투자도 병행되고 있다. 2007년 세종기지에서 월동할 20차 대원 전원(17명)은 유비쿼터스 헬스케어 시스템을 적용받는다. 이 시스템을 개발한 고려대 유헬스 사업단은 이미 2006년 10월 말에 극지연구소를 대상으로 사업설명회를 열었고, 11월에는 장비 시연회도 가졌다. 이후 극지연구소와 고려대는 테스트 기간을 거친 뒤 MOU(양해각서)를 체결하기로 했다.

유헬스란 방문간호사나 본인이 직접 측정한 건강 상태를 온라인으로 전송하면, 전문 의료진이 이 데이터를 통해 병을 진단할 수 있는 시스템을 말한다. 즉, 극한에서 생활하는 세종기지 대원들이 외부활동을 벌이다 자칫 문제가 생기더라도 의료담당 대원이 즉각 이를 간파하고 후속조치를 취할 수 있게 되는 것이다.

고려대는 이미 유헬스 시스템을 2006년 2월부터 성북구 주민들과 독거노인, 노숙자 등 일부 의료 취약 계층을 대상으로 시범사업(총 7,300여 명)을 진행해 왔다. 현재까지의 관리대상 질환은 당뇨와 고혈압·비만, 근육통, 치매, 호흡기 질환, 피부 질환 등이다.

우리나라는 남극에 기지를 둔 20개국(아남극권 7개 포함 47개 기지) 중 처음으로 이러한 첨단 건강관리 시스템을 도입하게 됐다. 이로써 이역만리 남극에서도 IT(정보기술) 강국으로서의 면모를 과시하게 된 것이다.

건설된 지 19년이 지난 세종기지 리모델링은 월동대원들은 물론, 극지연구소의 숙원사업이었다. 1988년 건립 당시에는 여타 해외기지들로부터 부러움을 살 만큼 '잘 지어진' 기지로 평가받았지만, 해가 거듭될수록 기지 증축과 첨단 시스템 도입의 필요성이 점차 대두되어 왔었다.

그런 사업이 2006년 드디어 확정됐고, 건립 당시 시공사였던 현대건

2009년 출항을 목표로 건조 중인 쇄빙선 조감도

설이 다시 공사를 맡았다. 2006년 12월 7일에는 현대엔지니어링 설계
팀이 세종기지에 파견돼 기초 작업은 마무리가 됐다.

대략적인 윤곽은 새 본관동이 생기고, 현재 식당과 휴게실로 사용되
는 본관동은 제3 숙소동으로 개조된다. 에너지 효율화를 위한 폐열 활
용 발전기가 설치되고, 친환경 기능 강화를 위한 각종 첨단 설비들도
도입된다. 공사는 2007년 10월 시작될 것으로 보인다. 극지연구소 측
은 리모델링이 끝나면 아마 세종기지가 다른 어떤 남극기지들보다도
친환경적이고 첨단화된 기지로 거듭날 것이라고 기대하고 있다.

많은 사람들이 관심을 가지고 있는 쇄빙선도 2009년 첫 출항을 목표
로 차질 없이 진행되고 있다. 2006년 11월 27일 공개 입찰 공고가 나갔
고, 12월 한진중공업이 건조사로 최종 확정됐다.

■ ■ ■ ■ **4**

킹조지 섬의
해외
기지들

1. 칠레 프레이 기지와 에스쿠데로 기지

항공기를 이용해 남극 킹조지 섬으로 들어오기 위해서는 반드시 칠레의 프레지덴테 프레이 공군 기지를 통해야 한다. 킹조지 섬 유일의 활주로를 이 기지가 소유하고 있다. 공항에는 칠레는 물론 우루과이, 브라질 등 남미 나라들의 공군 수송기들이 물자와 사람을 실어 나른다.

프레이 기지는 240명 정도를 수용할 수 있는 규모다. 주로 군인들이 월동을 하는데, 가족들이 함께 와서 지내는 경우도 많다. 2006년에는 이곳에서 월동한 사람들 수가 80명 정도였다고 한다. 가족이 함께 살다 보니 학교와 슈퍼, 종교시설도 갖춰져 있다. 작은 마을이라고 봐도

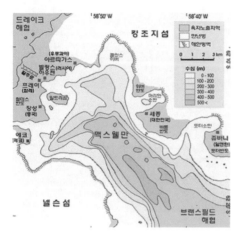

킹조지 섬에 위치한 각국의 기지 현황

괜찮다. 칠레는 아르헨티나, 호주, 뉴질랜드, 영국, 프랑스. 노르웨이 등과 함께 남극 대륙의 영유권을 주장하는 7개 국가 중 하나다. 일찍부터 군 기지를 세우고 가족들까지 함께 살도록 유도하는 이유가 여기에 있는 것이다. 프레이 기지의 공군 마크도 남극 대륙 지도에 붉은 선으로 영유권 지역을 표시했을 정도다.

프레이 기지 가장자리에는 칠레의 또 다른 기지가 있다. 칠레 남극연구소(INACH)가 독립적으로 운영하고 있는 홀리오 에스쿠데로 기지다. 프레이 기지는 1969년에 설립됐지만, 에스쿠데로 기지는 1994년에 세워져 10여 년 밖에 되지 않았고, 규모도 매우 작다. 또한 월동기에는 엔지니어 1~2명이 남아 기지를 돌보는 수준에 불과하다. 하지만, 하계 기간에는 30여 명이 기지를 이용하기 때문에 칠레의 중요한 연구 거점임에는 분명하다. 칠레는 킹조지 섬 이외의 지역에도 프랏, 파로디(이상 하계 기지), 오히긴스(상주 기지) 등 3개 기지를 더 갖고 있다.

킹조지 섬에 들어오기 전 푼타아레나스에서 INACH의 호세 레타말레스 소장을 만날 기회가 있었다. 그는 남극 국가운영자대표위원회(COMNAP) 회의에서 새 의장으로 선출된 인물로, 남극 연구에 상당한

∞ 칠레 프레이 기지는 공
군과 그 가족들이 마을
을 형성하고 있어 학교
와 교회 등은 물론, 외부
인을 위한 호텔도 있다

◉ 현지 기자들과 인터뷰 중인 칠레 남극연구소의 호세 레타말
레스 소장

◉ 남극 영유권을 표시한 칠레 공군 마크

영향력을 행사하는 인물이다.

레타말레스 소장은 한국 극지연구소의 예술가 대상 남극 체험단에 상당한 관심을 가졌던 것 같다. 그는 체험단 전원을 INACH에 초대했는데, 여기에는 현지 신문 및 방송 기자들이 취재를 나와 있었다. 정호성 단장이 체험단 프로그램에 대해 간단한 브리핑을 한 뒤 현지 기자들의 질문 세례가 이어졌다. 이튿날 푼타아레나스 지역 신문에는 한국에서 온 남극 체험단이 1개 면에 걸쳐 소개됐었다.

칠레도 남극 체험 프로그램을 활발히 진행하고 있는 나라다. 매년 13~16세 청소년과 교사 수십 명에게 남극기지를 방문할 수 있는 기회를 주고 있다. 2006년에는 대학생을 대상으로 하는 학위과정도 신설해 4개 그룹(3명씩)이 이듬해 남극으로 가기 위한 마지막 경쟁을 앞두고 있었다.

공식 행사가 끝난 뒤 레타말레스 소장과 개별적으로 대면할 시간을 가진 것은 나에게도 좋은 기회였다. 그는 나의 취재 요청에 매우 호의적이었고, 오히려 자신이 보다 많은 자료를 제공하지 못하는 것을 미안해할 정도였다.

그는 우리나라의 남극 대륙기지 건설계획에 큰 관심을 보였다. 만약 칠레 기지와 가까운 곳에 대륙기지를 건설할 경우 자신들이 적극적으로 협력하겠다는 의지도 나타냈다. 대륙기지가 설립될 2013년에는 이미 우리나라도 쇄빙선을 갖고 있겠지만, 만약 쇄빙선 접근마저 힘든 시기에는 칠레가 육상 이동을 돕겠다는 것이다.

주변 8개국의 영해로 둘러싸인 북극과 달리 현재 누구의 영토라고도 할 수 없는 남극은 정치적으로 확실한 차이가 있을 수밖에 없다. 칠레 등 7개국이 남극 영유권을 주장하고는 있지만, 훗날 국제적으로 인정을 받기 위해서는 다른 나라들의 지지가 필요한 것이다. 때문에 남극에서의 협력과 교류는 모두 수십 년, 또는 수백 년 후 일어날 이권 분쟁을 미리 준비하는 것이라고 봐도 무방하다.

우리나라가 2013년을 목표로 삼고 있는 남극 대륙기지 사업도 세계 여러 나라들과의 협의를 어떻게 효율적으로 이루어 가는지가 성패에 절대적인 영향을 주게 될 것이다.

2. 러시아 벨링스하우젠 기지

벨링스하우젠 기지는 본격적인 월동기지로서는 킹조지 섬에 가장 먼저 세워진 곳이다. 1968년 러시아는 남위 62도 11분 78초, 서경 58도 57분 65초 지점에 이 기지를 세웠다. 그러자 킹조지 섬을 포함한 남극 반도 주변 지역 영유권을 주장해오던 칠레가 바빠졌다. 칠레는 이듬해인 1969년 러시아 기지 바로 옆 지점인 남위 62도 12분, 서경 58도 57분 85초에 프레이 공군 기지를 서둘러 세웠다. 두 기지 건물들은 경계가 따로 없어 처음 방문하는 이들로서는 구분이 어려울 정도다.

남극에서 러시아는 우리나라와 상당히 인연이 깊은 편이다. 2003년 고무보트 전복사고가 났을 때도 가장 적극적으로 구조작업에 나서준 나라가 러시아다. 2005년 6월 우리나라는 주 러시아 대사를 통해 올렉 사하로프 당시 기지대장에게 대한민국 훈장(수교포장)을 수여하기도 했다.

칠레 기지 바로 옆에 있는 러시아 벨링스하우젠 기지

2006년에도 월동대장을 지낸 사하로프는 체험단장인 정호성 박사와 막역한 사이였다. 둘은 1999년과 2002년 두 번이나 같은 시기에 월동을 했고, 이 때 맺어진 인연은 아직도 이어지고 있었다. 그는 또 19차 월동대원 중 통신 담당인 이상훈 대원과도 인연이 있었다. 취미로 아마추어 무선(HAM)을 하던 이상훈 대원은 언젠가 러시아 기지 무선국(R1ANF)과 교신을 한 적이 있었는데, 당시 교신자가 사하로프 대장이었던 것이다. 이상훈 대원은 남극에까지 와서 그를 만날 수 있었다는 사실이 너무도 놀랍고 기뻤다고 회고한다.

벨링스하우젠 기지는 몇 년 전까지만 하더라도 월동대원이 25명에 이르렀고, 하계기간 동안은 40명 가까이 머물렀었다. 하지만 최근에는

러시아의 올렉 사하로브 기지대장과 극지연구소 정호성 박사는 3번이나 같은 시기에 월동을 해서 둘도 없는 친구 사이가 됐다

그 숫자가 크게 줄어들었다. 2006년 월동대원은 단 13명이었고, 하계 기간에도 5명의 연구원이 더 추가됐을 뿐이다. 그러나 이를 두고 러시아가 극지 연구에 대한 투자를 줄이고 있다고 판단하기는 어렵다. 대륙기지에 보다 많은 투자를 하다 보니 남극의 변두리에 속하는 킹조지 섬의 비중이 상대적으로 낮아졌을 뿐이다(러시아는 남극의 가장 혹한 지역에서 보스토크 기지를 운영하는 등 사람이 상주하는 대륙기지만 4개를 갖고 있다).

이는 중국도 마찬가지다. 1989년 남극 대륙에 중산기지를 건설한 뒤 킹조지 섬의 장성기지에는 투자를 대폭 줄였었다. 최근 들어서는 또 다시 장성기지에 대한 효율적 활용방안을 모색하고 있다니 앞으로의 변화가 더 주목되는 중국이다.

한편 러시아 월동대원 중에는 독일인 여학생이 1명 포함되어 있었다. 20대 초반의 안나는 갈색 도둑갈매기(스쿠아)를 포함한 남극의 새를 연구하고 싶은 욕심에 이곳에 왔다고 한다. 참 용기가 가상했다. 벨링스하우젠 기지의 유일한 여성 대원이었음은 물론이다. 남극 체험단 일행이었던 사진작가가 사진 찍는 방법과 컴퓨터 활용법 등을 가르쳐주자 크게 기뻐하던 안나의 모습은 지금도 잊혀지지 않는다.

벨링스하우젠 기지에는 또 하나의 명물이 있다. 사람 4명이 앉으면 꼭 맞는 크기의 사우나가 그것이다. 작다고 무시할 건 못된다. 120℃까지 온도가 올라가기 때문에 10분만 사용하더라도 효과는 만점이다. 물론 하이라이트는 따로 있다. 사우나에서 문을 열고 밖으로 나가면 가로 세로 1m 정도 크기의 담수통이 마련되어 있다. 남극이기에 따로 조절을 하지 않더라도 수온은 항상 1~2℃ 밖에 되지 않는다. 120℃ 온도의 사우나에서 나와 남극의 차디찬 물에 몸을 담그는 기분이란 겪어보지 않고는 상상이 힘들다(러시아 전통식을 따르려면 이를 4~5번씩 반복해 보통 5시간은 소요된다고 한다). 만약 이 시설을 이용하고 싶다면 꼭 전날 기지대장에게 부탁을 해야 한다. 온도를 높이려면 5~6시간이 소요되기 때문이다. 그래서 러시아 대원들조차 1~2주일에 1번씩만 사용한다고 한다.

최근 남극은 50년 만에 찾아온 국제 공동연구 기간을 앞두고 본격적인 체제정비에 돌입했다. 2007~2008년 제3차 IPY(국제 극지의 해)는 제2차 IPY(1932~1933) 이후 무려 75년, IGY(국제 지구물리의 해·1957~1958년) 이후로도 50년 만에 찾아온 대규모 프로젝트다. 각국의 남극 기지들은 IPY 기간 동안 최대의 효과를 거두기 위한 준비 작업에 바쁜 나날을 보내고 있다.

남극에서는 IPY 기간 동안 모두 13개국 11개 팀이 대륙 탐사에 나선다. 칠레와 브라질, 프랑스와 이탈리아가 각각 한 팀을 이루고 호주, 독일, 일본, 노르웨이, 러시아, 스웨덴, 영국, 미국, 뉴질랜드 등이 독립된 탐험대를 꾸린다. 이들 나라들은 이미 2~3년 전부터 탐사계획을 세우고 보급품 조달에 나서는 등 박차를 가해왔다.

이 외에도 각 나라들은 IPY를 위한 독자적 프로젝트를 선정해 예산 편성과 연구원 현장 투입을 시작했다.

칠레는 IPY 기간 동안 남극 반도와 파타고니아 산맥 사이의 지질학적, 생물학적 연관성에 대한 연구를 추진키로 했다. 남극 또한 지구 생성 초기 하나의 땅이었던 곤드와나 대륙에서 떨어져 나왔을 것이라는 가설의 증거를 찾기 위함이다. 칠레는 3가지 프로젝트에 각각 100만 달러씩의 예산을 편성했고, IPY가 시작되면 연구원을 포함해 최대 100여 명을 투입키로 했다. 또한 사우스셰틀랜드 군도 킹조지 섬의 에스쿠데로 기지에도 2007년 하계 기간(2006년 12월~2007년 2월) 동안은 평년보다 30% 정도 늘어난 40여 명의 과학자가 활동한다.

러시아는 현재 두 번째 쇄빙선 건조계획을 가진 것으로 알려졌다. 벨링스하우젠 기지 올렉 사하로프 대장도 나와 가진 이메일 인터뷰

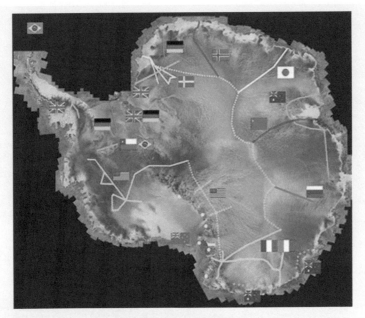

IPY 기간 동안 이루어질 각국의 남극 대륙 탐사경로   자료 : 극지연구소

에서 남극 관련 예산이 최근 확실히 늘고 있다고 말했다. 그는 또 현재 문을 닫고 있는 예전 기지들을 재운영하기 위해 새 쇄빙선 건조 작업에 들어갔다고 밝혔다.

아쉽게도 우리나라는 IPY 기간 동안 사실상 모든 공동 연구 프로젝트에서 제외된 상황이다. 세계 각국이 3~4년 전부터 IPY를 위한 준비 작업에 착수했음에도, 우리나라는 과학기술부 등 관련 정부 부처에서 단 한 건의 지원정책은 물론 한 푼의 예산도 내놓지 않은 탓이다. 한국해양연구원 부설 극지연구소를 중심으로 매년 IPY 참가의 필요성을 역설하는 목소리가 있었지만 이는 번번이 묵살돼 왔다.

이에 따라 한국인 과학자들은 단지 자신이 관련된 분야의 아이템을 관련 연구 그룹에 제공하는 차원에서 개별적 참여를 모색할 수밖에 없게 됐다.

이번 IPY는 명칭이 비록 극지 연구에 국한되어 있다 하더라도 결국은 IGY의 연장선상에 있기 때문에 모든 과학 분야가 망라될 것으로 보인다. 이 때 얻어진 데이터는 모든 참가국들이 공유하게 되는데, 우리나라는 그 방대한 자료에 대한 '접근 기회'를 스스로 차단해버린 꼴이다.

50년 전 IGY는 전 세계 67개국에서 무려 8만 명이 넘는 과학자들이 참여했고, 남극 대륙에만 5,000명 이상이 몰려들었다. 이 기간 동안 남극 빙하의 두께와 양이 처음 측정됐고, 수천 미터의 얼음 아래 대륙이 존재한다는 사실도 밝혀져 극지 연구의 기폭제가 됐다.

이번 제3차 IPY는 현대 과학기술이 총동원될 것으로 보이기 때문에 지구 온난화 등 굵직굵직한 과학 이슈들에 대해 엄청난 연구 성과가 쏟아져 나올 것으로 기대되고 있다.

다만 국내의 일부 과학자들은 2009년 초 첫 출항할 쇄빙선에 한 가닥 희망을 걸고 있다. 쇄빙선을 이용해 '포스트 IPY' 프로그램에 참여할 길을 찾아보자는 것이다. '포스트 IPY'는 IPY 2년 동안 얻어낸 자료들을 집중 분석하는 프로그램으로, 추가 연구가 필요한 부분을 우리나라가 맡는다면 어느 정도 주류 과학계에 발을 걸칠 수 있다는 계산이다.

이에 가장 적극적인 국내 학자는 극지연구소의 강성호 박사다. 국제 북극과학위원회(IASC) 부의장인 강성호 박사는 쇄빙선을 이용해 IPY 이후의 후속 연구를 맡겠다는 의사를 세계 각국에 전달했고, 조율단계에 있다고 밝힌 바 있다.

3. 중국 장성기지

장성기지는 킹조지 섬의 필데스 반도의 기지들 중 가장 남쪽에 위치해 있다. 남위 62도 12분 98초, 서경 58분 57도 73초가 정확한 위치다.

우리나라 남극 체험단이 장성기지를 방문한 것은 2006년 11월 26일 점심 무렵이었다. 우선 러시아 벨링스하우젠 기지에 무거운 짐을 쌓아 두고, 생필품 등 필요한 짐만 가지고 장성기지로 향했다(벨링스하우젠 기지에는 우리나라 극지연구소가 맡겨둔 4륜 구동 차량(9인승)이 있다. 장성기지까지는 걸어서 30분 이상 소요되지만, 차를 이용하면 10분 정도면 도착할 수 있다).

장성기지에서는 '한국인 손님이 찾아왔다' 는 뜻으로 자기네 국기 뒤편에 태극기를 게양해 두고 있었다. 우리나라 기지에서 지내다온 것이지만, 이역만리에서 같은 동양인들과 만난다는 것은 또 다른 느낌이 있는 것 같다. 러시아인들은 아주 친절하지만, 다소 무뚝뚝했기에 일행들도 중국인들의 환대를 더욱 편안히 받아들이는 듯했다. 더구나 우리가 도착했을 때 그들은 드라마 〈대장금〉 DVD를 보고 있었다. 그리고 이영애, 장동건, 김희선 같은 한류 스타들의 이름을 열거하며 친근감을 과시했다.

점심 식사 후 대장의 간단한 기지 소개가 이어졌다. 장성기지는 세종기지보다 3년 빠른 1985년 킹조지 섬에 터를 잡았다. 그동안 10여 개의 건물 중 대부분은 관리가 허술해 건물 외벽은 온통 페인트가 벗겨져 있었다. 3~4동의 깨끗한 건물들은 모두 최근 2~3년 사이에 지어진 것이라고 했다. 숙소동은 매우 훌륭하다. 푼타아레나스에서 묵었던 중급

체험단 일행이 머물렀던 중국 장성기지에는 '한국인이 방문했다' 는 의미로 태극기를 게양해 두었다. 예전 건물들은 매우 낡았지만, 최근 세워진 건물은 쾌적한 시설을 갖추었다

호텔보다 더 깨끗하고, 2명이 머물 수 있도록 갖춰진 방에는 화장실까지 딸려 있었다.

'보트스틸(Boatsteel)'이라는 회사가 지었다는 파란색 건물에는 폐열 재처리 시설이 갖춰져 있다. 아마 이 회사에서 기증한 모양이다 (2007년 10월 착공할 세종기지 리모델링 계획에도 이 같은 시설 도입이 포함되어 있다). 건물의 나머지 공간에는 탁구대와 당구대, 노래방이 설치되어 대원들을 위한 여가공간으로 사용되고 있었다.

장성기지의 이번 월동대원들(22차)은 12명으로 우리보다는 조금 적은 편이었다. 이들은 하계 대원과 차기 월동대원 25명이 들어오는 12월 7일 귀국길에 오른다고 했다. 다음 월동대원 일부와 2달간 함께 지내며 인수인계를 하는 우리 시스템과는 차이가 있는 셈이다.

통역을 맡은 양친콰는 23살의 어린 나이였다. 기상을 담당하는 그는 대학을 졸업하자마자 남극에 온 것이란다. 사실 몇 해 전만 하더라도 장성기지에는 영어를 할 수 있는 인력이 거의 없었다. 이 때문인지 인근 기지와도 교류가 거의 없었다고 한다. 최근 양친콰처럼 영어를 유창하게 구사하는 젊은 인력들이 월동대원에 포함되면서 사정이 달라진 것이다. 장성기지 대원들은 마치 그 동안의 소극적인 교류에 대한 '분풀이'라도 하듯 주위 기지를 방문하거나 대원들을 초대하는 경우가 부쩍 늘었다.

20대 후반의 차오진시는 중국 극지연구소에서 일하고 있는 청년으로 체험단장인 정호성 박사와도 안면이 있었다. 새로운 사람들과의 만남에 굶주렸던지 차오진시가 말을 걸기 시작하면 대상이 누구든 쉽게 자리가 끝나지 않았다. 그는 여느 20~30대의 한국인 청년이나 다름없

주바니 기지와 삼형제봉

이 돈을 벌어 좋은 차와 넓은 집을 사고 싶어 했다. 현재 사귀고 있는 동갑내기 여자 친구와의 미래에 대해서도 고민하고 있었으며, 무엇보다 자신의 경력에 도움이 될 기회를 충분히 갖고 싶다고 했다.

쟈스민 차를 몇 잔씩 마시며 그와 많은 얘기를 나누었다. 차오진시와 필자 모두 영어가 유창하지 못한 탓에 깊은 속내까지 드러내지는 못했지만, 해외여행에서 우연히 만난 친구와는 분명 다른 느낌이었다.

장성기지 월동대원들이 왜 2~3번 밖에 보지 못한 세종기지 대원들을 그리워하고, 또 담배 몇 갑이라도 전달해줄 방법이 없느냐고 물어보는지 이해가 됐다. 남극에서도 이렇듯 조용한 외교가 싹트고 있었던 것이다.

4. 킹조지 섬의 다른 기지들

킹조지 섬에는 모두 9개국 10개 기지가 운영되고 있다. 앞서 4개 기지를 소개했고, 세종기지를 빼면 5개 기지가 남는 셈이다. 아르헨티나 주바니 기지, 폴란드 아르토스키 기지, 우루과이 아르티가스 기지, 브라질 페라즈 기지, 페루 마추피추 기지는 필자가 직접 방문하지 못했으므로 간략히 소개만 하기로 한다.

아르헨티나의 주바니 기지(남위 62도 14분 27초, 서경 58도 39분 87초)는 1950년대에 대피소 용도로 만들어졌으니 실질적으로는 러시아 벨링스하우젠 기지보다도 일찍 세워진 셈이다. 그러나 주바니 기지에 월동대원이 파견되기 시작한 것은 1981년에 이르러서다. 현재 월동대원은 세종기지보다 조금 많은 20명이고, 하계 기간에는 최대 100명이 머무는 큰 기지로 발돋움했다.

바톤 반도 맞은 편 포터 반도 해안에 자리를 잡은 주바니 기지는 세종기지에서는 육로로도 갈 수 있다. 물론 이는 겨울에 한해서다. 여름에는 포터 소만 빙벽 위 크레바스 '밭' 이 그대로 드러나기 때문에 무모한 시도를 하는 사람은 없다.

우루과이의 아르티가스 기지(남위 62도 11분 7초, 서경 58도 54분 15초)는 중국 장성기지보다 한 해 앞선 1984년 개소했다. 콜린스하버 입구에 위치한 이 기지는 다른 남미 국가들처럼 군 장교가 기지대장을 맡고 있다. 우루과이의 공군 수송기는 우리나라 연구원들도 가끔 이용하고 있다.

폴란드의 아르토스키 기지(남위 62도 9분 57초, 서경 58도 28분 25

폴란드 아르토스키 기지 주변은 킹조지 섬에서 가장 아름다운 전경을 자랑한다

초)와 브라질의 페라즈 기지(남위 62도 5분, 서경 58도 23분 47초)는 애
드미럴티 만 해안가에 있다. 두 기지 모두 월동대원은 12명, 하계 최대
인원은 40명 정도로 세종기지보다는 규모가 작은 편이다. 이 두 기지
는 필데스 반도를 중심으로 옹기종기 모여 있는 다른 기지들과 멀리
떨어져 있기 때문에 교류도 활발한 편은 아니다.

세종기지에서 아르토스키 기지까지의 거리는 17㎞ 정도. 2006년 겨
울 두 명의 폴란드 대원이 세종기지를 찾아와 며칠을 머물다 간 적이
있다. 그들은 10여㎞를 걸어 주바니 기지까지 스키를 타고 온 뒤 고무
보트를 얻어 타고 왔었다고 한다.

설상차를 타고 가기에도 만만치 않은 거리를 맨 몸으로 걸어온 그들
은 자기네 기지로 돌아간 뒤에도 이메일을 주고받으며 끈끈한 정을 이
어가고 있다.

페라즈 기지는 애드미럴티 만 가장 안쪽에 있는 켈러 반도에 있다.

남극 킹조지 섬의 각국 기지 현황

국가	기지명	설립연도	운영방식	월동대원 수(평균)	하계연구원 수(최대)
러시아	벨링스하우젠	1968	월동	25	38
칠레	프레이	1969	월동	70	120
폴란드	아르토스키	1977	월동	12	40
아르헨티나	주바니	1982	월동	20	100
우루과이	아르티가스	1984	월동	9	60
브라질	페라즈	1984	월동	12	40
중국	장성	1985	월동	14	40
한국	세종	1988	월동	17	60
페루	마추피추	1989	하계	-	28
칠레	에스쿠데로	1994	월동	2	33

자료 : 남극국가운영자대표위원회

이 기지와 가까운 곳에 페루의 마추피추 기지도 있는데, 이 기지는 킹조지 섬에서 유일하게 월동대원을 파견하지 않는 하계 기지다. 이 밖에도 킹조지 섬 바로 맞은편 넬슨 섬에는 체코의 에코 기지가 있다.

■ ■ ■ ■ 5

세 종 기 지
주 변 에 펼 쳐 진
대 자 연

1. 혹한에서도 생태계는 살아있다

남극의 겨울은 적막하다. 그리고 숨이 멎을 정도로 아름답다. 사방에 펼쳐진 하얀 눈과 얼음 앞에 인간의 더럽혀진 마음은 깨끗이 정화된다. 그래서였을까. 남극에 첫발을 내딛는 순간 살을 에는 듯한 추위 속에서 오히려 포근함이 느껴졌다.

내가 처음 세종기지를 찾은 2004년 6월 초는 남극이 막 겨울로 접어든 시기였다. 시간이 멈춰 버린 듯한 고요함 속에서 간간이 들려오는 이름 모를 새의 울음소리만이 그곳을 지키고 있었다.

세종기지는 남극 반도 북단 킹조지 섬의 맥스웰 만에 위치해 있다. 평균 수심 100m 정도의 맥스웰 만은 너비가 25km에 이르지만 한겨울

마리안 소만 끝에 위치한 거대한 빙벽

에는 걸어 다닐 수 있을 만큼 단단하게 얼어버린다.

초겨울이라 할 수 있는 6월 1일, 세종기지 앞 해안가는 유빙이 들어차기 시작했다. 마치 얼음으로 방파제를 쌓아놓은 듯한 모습이었다. 7월이 되면 맥스웰 만 전체는 이 유빙들로 가득 채워지고, 기온이 영하 20~30℃까지 내려가면서 바다가 얼어버리는 '기적'이 완성된다.

얼음에도 이곳만의 특징이 있다. 눈이 쌓이면서 형성되기 때문에 중간 중간 공기방울을 많이 머금고 있다. 얼음이 녹는 동안엔 바람 빠지는 소리가 요란하게 들려와 이채롭다. 기지 대원들은 위스키를 마실 때 이 '천연 얼음'을 즐겨 쓴다고 했다.

킹조지 섬은 돌섬이다. 따라서 해안가도 쌓인 눈을 파헤치면 모두 자갈이다. 이들 자갈 위에는 수많은 지의류(균류와 조류가 섞여 자라는

남극의 혹독한 자연환경 속에서도 지의류 등은 끈끈한 생명력을 이어간다. 작은 사진은 최근 세종기지 주변에서 발견되기 시작한 '남극개미자리' 라는 현화식물

형태의 생물)와 이끼류들이 힘겨운 성장을 계속하고 있다. 지의류나 이끼류들은 뿌리를 내리지 않기 때문에 대기 중의 수분을 흡수해 살아간다. 그래서 대기오염을 측정하기 위한 지표식물로도 이용될 수 있는 것이다.

남극은 추운 기후와 척박한 토양 탓에 식물들의 성장속도가 매우 느리다. 1㎝ 성장하는데 보통 수십 년이 넘게 걸린다고 하니 고등식물의 생존은 거의 불가능한 조건이다. 이 때문에 국제 과학연맹이사회에서 체결된 '남극조약' 은 연구 목적의 소량 채집 외에는 식물 훼손을 엄격히 금하고 있다. 이동할 때에도 밟고 지나는 것조차 허용되지 않고, 가능하면 서식지를 피해 다니기를 권고하고 있다.

현재 남극에 살고 있는 식물은 약 800종. 극지의 환경을 이겨내는 이

펭귄은 남극의 마스코트라 할 수 있다. 사진은 킹조지 섬 주변에 분포하는 젠투펭귄

들의 고단한 삶은 '생명의 위대함'을 다시금 일깨워준다.

그런데 최근 세종기지 주변에는 현화식물들의 분포가 점차 확대되고 있는 등 우려할 만한 현상이 계속되고 있다. 일명 남극 잔디로도 불리는 '남극 좀새풀'은 처음 발견됐던 1999년 이후 주변 지역으로 빠르게 퍼져나가고 있다. '남극 개미자리'도 마찬가지다. 킹조지 섬의 끝에 가까운 포터 반도 쪽에서만 발견되던 이 식물은 1990년대 말 세종기지가 있는 바톤 반도에 모습을 드러낸 후 분포지역이 점차 넓어지고 있다.

뿌리를 내려야 하는 현화식물들이 많아진다는 것은 곧 남극에서 영구 동토층 붕괴가 빠른 속도로 확산되고 있음을 의미한다. 남극의 생태계가 다양해진다는 것은 환영할 만한 일처럼 보이지만, 다른 한편으로는 지구 온난화의 한 단면으로서 인간에게 경고하는 바 또한 크다.

　세종기지에서 해안선을 따라 40여 분 걸어가면 펭귄 서식지가 나온다. '펭귄마을'이라고 불리는 이곳은 여름이면 수천 마리의 펭귄 무리가 해안가를 메워 장관을 이룬다.

　펭귄은 주로 바다에 떠다니는 크릴을 먹고 살기 때문에 사방에 흩어놓은 배설물은 갈색보다 오히려 주황색에 가깝다. 펭귄을 잡아먹는 털가죽물개나 여러 해표들, 갈색 도둑갈매기(스쿠아) 등도 이곳에서 여름을 나는 대표적 동물들이다.

　내가 2004년 '펭귄마을'을 찾았을 때는 이미 겨울이 다가온 6월임에도 젠투펭귄 30여 마리가 섬을 떠나지 않고 있었다. 같은 아델리 종인 턱끈펭귄(친스트랩)은 모두 이곳을 떠나 북쪽 바다로 향하지만, 젠투펭귄은 극히 일부가 겨울에도 섬을 떠나지 않는다고 한다. 워낙 겁이 많은 녀석들이라 가까이 다가서기 무섭게 열심히 도망을 친다. 뒤뚱뒤뚱 도망을 치다 아예 배를 깔고 미끄럼을 타기도 하는 모습이 그렇게

젠투펭귄은 12월 초 알이 부화할 때까지 암컷과 수컷이 번갈아가며 품는다

◉ 배우자와 알 품기를 교대한 뒤 먹이를 잡으러 나
가는 젠투펭귄들

◉ 뒤늦게 짝짓기를 시도하는 펭귄들도 있다

◉ 작은 몸집이지만 성격이 사나운 턱끈펭귄

귀여울 수가 없다.

다른 남극 동물들과 반대로 겨울이 되면 찾아오는 남극 비둘기(쉬스빌)는 연안의 돌섬이나 바닷가 언덕배기에 둥지를 틀었다. 남극에서는 이 새의 출현이 곧 겨울의 시작을 알리는 신호탄이다. 눈부시게 새하얀 모습은 겨울 남극과 멋들어진 조화를 이룬다.

여름이 다가오는 11월의 '펭귄마을'은 겨울과는 사뭇 다른 모습이다. 몇 달 만에 돌아온 주인들로 소란스럽다. 마치 겨울 동안 온통 하얀 눈에 덮여 잠자던 남극이 깨어난 모습이랄까.

"끼우~욱! 끼우~욱!'(사실 펭귄의 소리를 글로 표현하기는 참 힘들다. 또한 알을 품고 있다 서로 교대할 때 내는 소리, 짝짓기를 하기 전 내는 소리, 위협을 느낄 때 내는 소리들이 모두 다르기 때문에 더욱 그렇다)

낯선 이들의 출현에 가까이 있던 젠투펭귄 수십 마리가 괴성을 지르기 시작했다. 그 모습은 위협적이라기보다는 오히려 안쓰럽다는 말이 알맞다. 어떤 녀석들은 품고 있던 알을 내팽겨치고 도망가기도 한다. 온순한 젠투펭귄은 자식에 대한 책임감도 부족한 것으로 알려져 있다. 때문에 젠투펭귄 무리가 있는 곳 주변에는 호시탐탐 알을 노리는 스쿠아가 쉽게 눈에 띈다. 깨져버린 펭귄의 알은 자식을 잃은 어미의 슬픔을 의미하는 동시에 굶주렸던 스쿠아의 생존을 이야기한다. 스쿠아는 동료가 날개를 다쳐 약해지면 순식간에 덤벼들어 살을 뜯을 정도로 항상 굶주려 있기 때문이다. 스쿠아의 공격으로부터 살아남은 젠투펭귄의 새끼는 12월 초 부화하게 된다.

남반구에만 분포하는 펭귄은 전 세계적으로 17~18종 정도가 있는

데, 남극권에서 황제펭귄 등 5종이, 아남극권에서는 2종이 부화를 한
다. 겨울 동안 따뜻한 북쪽 바다로 올라가 배를 채우던 펭귄들은 여름
이 시작되기 전 남쪽으로 돌아와 둥지를 튼다. 종에 따라 조금 차이는
있지만 펭귄은 보통 암컷과 수컷이 10~15일마다 교대하면서 알을 품
는다. 한 번 알을 품으면 여간해선 움직이지 않고, 용변 또한 앉은 자세
로 해결한다. 그래서 둥지 주변은 배설물 흔적이 사방으로 흩어져 있
다. 대신 배를 채우러 나간 녀석들은 열심히 바다에서 유영을 하며 크
릴을 사냥한다. 펭귄이 바다에서 수영하는 모습은 그야말로 '물 찬 제
비'라는 말이 어울린다. 뒤뚱거리는 육상에서의 걸음걸이와는 달리 하
늘을 나는 듯 빠르고, 또 아름답다.

펭귄 사회에서도 주류에 속하지 못한 '왕따'들이 존재하는 모양이
다. 무리에서 멀찍이 떨어져 둥지를 튼 녀석들이 있는가 하면, 뒤늦게
짝짓기를 시도하는 '지각생'들도 보였다. 맥스웰 만 건너편에 사는 아
델리펭귄 한 마리도 먹잇감을 찾다가 길을 잃어버렸는지 젠투펭귄 무
리 사이에 섞여 있었다.

턱끈펭귄(췬스트랩)은 보다 높은 곳에 자리를 잡았다. 이 펭귄은 젠
투펭귄보다 덩치가 작지만, 호기심이 많고 성격이 사나워 가까이 가면
물러섬 없이 공격을 감행한다.

수천 마리는 족히 될 듯한 펭귄들이 요란한 고함을 질러대며 번식이
라는 본능에 몰두하는 모습은 오히려 장관이다. 남극에서도 생명이 태
어난다는 사실에 대한 신비감은 직접 현장을 목격하는 순간 경외감으
로 변했다. 남극의 자연을 이해하고, 또 그 자원을 이용하려는 인간들
에게 펭귄들은 '남극의 주인은 바로 자신들'임을 이렇듯 실감나게 일

○ 알을 품고 있는 큰풀마갈매기

○ 달콤한 휴식을 방해한 이방인을 향해 위협시
위를 벌이는 코끼리해표

○ 온화한 성격의 웨들해표

○ 펭귄들의 천적 털가죽물개

깨워주고 있었다.

　여름 철새들도 곳곳에서 부모가 될 준비를 하는 중이었다. 날개를 펴면 1m가 넘는 큰풀마갈매기(자이언트 페트렐) 두 마리는 지난해와 똑같은 바위틈에 둥지를 틀었다고 한다. 마침 세종기지에서 탐사를 나갈 때 항상 지나다니는 길이라서 월동대원들은 "지난여름에 봤던 놈"이라며 반가워한다. 높은 바위산에 둥지를 마련한 남극 제비갈매기들은 침입자의 머리 위에서 온 힘을 다해 울어댄다. 이들은 몸집이 아주 작지만, 워낙 협동을 잘하고 비행능력이 뛰어나 스쿠아들도 당해내지 못한다고 한다. 그러니 녀석들의 신경을 더 건드리기 전에 가던 길을 재촉하는 편이 상책이었다.

　'펭귄마을'에서 30분을 더 걸었을까. 멀찍이 보이는 큰 나무토막 하나가 움찔거린다. 1톤은 됨직한 수컷 코끼리해표였다. 단잠을 깨웠는지 사람들을 향해 상체를 벌떡 세우더니 10여㎝에 달하는 송곳니를 드러냈다. 타국 연구원들의 연구대상인지 오른쪽 몸통 부분에는 조그만 문신이 있고, 양쪽에 새겨진 '20'이라는 붉은 숫자는 멀리서도 보일 만큼 크다. 코끼리해표는 수컷 한 마리에 암컷 수십 마리가 붙어 다니기 때문에 이 장소에서도 암컷 예닐곱 마리가 줄지어 누워있는 모습이 자주 보인다고 한다.

　코끼리해표와 20m쯤 떨어진 곳에는 같은 해표라고 하기에는 외모가 너무 판이한 웨들해표 한 마리가 휴식을 취하고 있었다. 동글동글한 얼굴에 자신을 방어하기 위한 수단이라고는 코를 벌렁거리며 거친 숨을 몰아쉬는 것밖에 할 줄 모른다고 한다. 3~4명이 한꺼번에 달려들어 셔터 세례를 퍼붓는 데도 몸 한 번 뒤집기조차 힘겨워했다.

세종기지가 있는 바톤 반도에서 가장 높은 백두봉

킹조지 섬에서 자주 보이는 해표로는 게잡이해표(크랩이터실)와 표범해표(레오파드실)가 있다. 표범해표의 경우 해표들 중 가장 사나운 종으로 스쿠버다이빙을 할 때도 자칫 놈의 심기를 건드릴 경우 사람을 공격하는 수도 있다 한다.

반나절 동안 계속된 인간의 침입은 일단 이 쯤에서 멈췄다. 남극에 첫 발자국을 남긴 지 아직 200여 년 밖에 되지 않은 인간의 호기심을 비웃기라도 하듯이 남극의 주인들은 이제 또 다시 일상으로 돌아갈 터이다.

2. 남극의 산, 인간의 발자국

'2006 남극 체험단' 동행취재는 세종기지 주변 경관을 살펴보기에도 좋은 기회였다. 세종기지에 도착한 것은 2006년 11월 9일. 체험단은 이튿날 바로 백두봉과 설악봉에 오르는 '호사'를 누렸다. 세종기지에서는 이 외에도 주변에 있는 산에 한라봉, 지리봉, 관악봉, 인수봉 등의 이름을 붙여놓았다.

물론, 아직까지 세계적으로 명칭을 인정받은 것은 한 곳도 없다. 해발 266m인 백두봉도 공식적으로는 '노엘 힐' (Noel Hill)로 통용되고 있다. 정확한 측량에 따른 학술논문이 나와야 이름 등재가 가능한데, 누군가 한 명이라도 빠른 시일 내에 우리나라 이름을 붙였으면 하는 희망을 가져본다.

해발 252m의 설악봉을 오르기 위해서는 50여m 거리의 능선을 지나

인수봉으로 가는 능선의 발자국이 극지 연구를 향한 집념을 보는 듯하다

남극의 설원을 이동하는 수단인 설상차

야 했다. 하얀 눈에 쌓여 있던 능선은 밟고 지나가기에 아까울 정도로 아름다운 자태를 뽐냈다. 능선의 오른쪽은 햇볕을 받아 푸석푸석했지만, 왼쪽은 그늘이 져 얼어 있었다. 양발로 전해오는 소리와 느낌이 다르다는 것은 꽤나 색다른 경험이었다.

체험단장으로서 2년 만에 남극을 찾은 극지연구소의 정호성 박사가 앞장을 섰다(그는 1차 월동대원으로 활동했고, 2002년 15차 때는 월동대장을 지낸 인물이다). 누군가가 지나간 발자국이 왜 그렇게도 인상이 깊었을까. 또한 사진기에 담아낸 인간의 발자국이 남극의 나지막한 봉우리와 어쩜 그렇게도 잘 어울릴까.

수백 년 전 남극을 발견한 인간들은 무수히 이곳에 그들의 발자국을 남겨 왔을 터이다. 남극권에 최초로 진입했다는 영국의 제임스 쿡, 러

포터 소만 끝쪽의 빙벽

시아의 영웅 벨링스하우젠, 그리고 어니스트 섀클턴이나 로알 아문센 역시 마찬가지였을 것이다. 미지의 대륙에 자신의 발자국 하나를 남기기 위해 수천, 수만 km를 항해해 왔고, 또 일부는 그 발자국 위에서 최후를 맞기도 했다.

설악봉 위에서는 세종기지가 한 눈에 내려다 보였다. 어디든 높은 곳에서 바라본다는 것은 참 신선한 느낌을 준다. 그리 높지 않은 곳임에도 가슴이 더욱 벅차오는 것은 남극이 주는 특별함 때문일까.

백두봉 아래까지 데려다준 설상차는 아르헨티나 주바니 기지가 보이는 포터 소만 빙벽 쪽으로 향했다. 사실 눈이 상당히 녹은 11월에 설상차가 움직이는 게 쉽지 않은 일이지만 월동대원들이 남극 체험단을 배려한 덕이었다. 포터 소만 빙벽이 아래로 내려다보이는 곳에 도달했지만, 더 이상 가까이 다가서기는 어려웠다. 여름이 되면서 빙벽 근처에는 곳곳에 크레바스가 입을 벌리고 있을 터였기 때문이었다.

크레바스는 해안가까지 뻗어 내린 만년빙에서만 생긴다. 빙벽이 바다로 밀려 내려가면서 곳곳에 틈새가 벌어지는 것이다(2006년 초 아르헨티나 대원 2명이 이 근처에서 크레바스에 빠져 죽는 사고도 있었다). 아르헨티나의 주바니 기지 옆에는 삼형제봉이라 불리는 특이한 바위산이 보인다. 포터 소만 쪽에서 바라보면 세 개의 봉우리가 모두 보이지 않지만, 주바니 기지에서 보면 꼭 닮은 봉우리 세 개가 함께 뭉쳐 있는 모습이어서 붙여진 이름이다.

주바니 기지 뒤쪽으로 보이는 플로렌스 누나탁(nunatak)은 또 다른 신비스러움을 뽐낸다. 누나탁이란 대륙 빙하에 의해 침식된 기반 암석이 완전히 없어지지 않고 가느다랗게 남아 있는 것을 말한다. 보통 톱니처럼 날카로운 지형을 보이는데, 대륙빙하가 녹아 없어진 자리에 가파른 산으로 보이게 된다.

세종기지 17차 월동대원 중 누군가는 남극을 가리켜 '지구상에 남은 마지막 순결한 땅'이라 표현했다. 인간이 감히 '개발'이란 단어를 입에 올리지 못할 만큼 자연의 위대함에 압도당하기 때문이다. 남극에 남겨둔 나의 발자국 하나하나는 그래서 더욱 소중하다.

3. 빙하가 눈과 마음을 사로잡다

세종기지에서 고무보트를 타고 쉽게 접근할 수 있는 빙벽은 기지가

마리안 소만 빙벽이 갈라져 금새라도 떨어져 나올 듯하다

하얀색과 푸른색의 조화가 아름다운 유빙을 보는 일은 극지에서의 즐거움이다

있는 바톤 반도와 건너편 위버 반도 사이의 마리안 소만, 그리고 바톤 반도와 아르헨티나 주바니 기지가 있는 포터 반도 사이의 포터 소만이다. 그리고 맥스웰 만 건너편의 우루과이 아르티가스 기지 인근에 콜린스 하버라 불리는 좁은 바다 끝에서도 만년빙을 만날 수 있다.

사우스셰틀랜드 군도와 남극 반도 지역은 빙하 후퇴 현상이 가장 빠르게 나타나는 지역이다. 물론, 남극 반도가 있는 서남극과 달리 동남극 쪽에서는 오히려 빙하의 양이 늘고 있다는 보고도 있어, 이 같은 빙하 후퇴가 정말 지구 온난화의 영향인지에 대한 의견은 분분하다.

하지만, 세종기지가 세워진 1988년 이후 20년이 채 안된 기간 동안 이들 빙벽들이 일제히 1km 이상 후퇴했다는 것은 분명히 주목할 만한, 어쩌면 위기의식을 느낄 만큼 충분히 빠른 속도다.

빙벽에서 떨어져 나온 유빙들

극지연구소 측이 위성사진을 바탕으로 마리안 소만 빙벽 후퇴를 연구한 결과 최근(1994~2001) 후퇴 속도는 매년 81m에 이른다고 한다. 반대편 어드미럴티 빙벽도 비슷한 속도로 후퇴하고 있다. 따라서 지질학자들은 수십 년 후 세종기지가 있는 바톤 반도가 섬이 될 수도 있다고 예측하고 있다.

눈이 쌓이고 쌓여, 그리고 그 눈이 얼고 얼어 만들어진 만년빙. 대륙을 뒤덮고 바다로까지 뻗어 내린 빙벽에서는 인간을 압도하는 힘이 느껴진다. 만년이라는 세월은 고작 100년을 채우지 못하고 자연으로 돌아가야 하는 인간의 사고로 쉽게 범접하기 힘든 세월이다. 흰 눈이 눌려 푸른색을 띠기까지 얼마나 오랜 세월이 흘렀겠는가. 나 역시도 "아름답다"라는 외마디만 내지른 채 빙벽을 훑어 지나가는 인간들 중 하

수km 길이는 족히 될 듯한 거대한 빙산

나에 불과했다.

고무보트를 탄 채 마리안 소만 빙벽 아래를 지날 때 '쩌~억, 쩌~억' 하는 소리가 들려왔다. 빙벽 일부가 무너져 내리는 소리다. 아쉽게도 사진기에 담지 못했지만, 그 때의 오싹함은 아마 상당히 오랜 기간 잊혀지지 않을 것이다.

빙벽과 맞닿은 마리안 소만 끝부분은 빙하가 무너져 내렸거나 서풍을 타고 떠내려 온 유빙들로 가득 차 있었다. 그래서 멀리서 보면 마치 빙벽 아래 바다 수백 미터가 얼어있는 듯한 착각마저 불러일으킬 정도다.

고무보트를 타고 유빙 사이를 지나려면 고도의 집중력이 필요하다. 서둘러 모터를 돌리다가는 얼음에 갇혀 꼼짝 못할 수가 있기 때문이다. 노를 저어가며 겨우겨우 유빙 사이를 빠져나오자 그제서야 비로소

안도감이 느껴졌다.

빙벽으로부터 떨어져 나온 빙산은 모양이 모두 다르다. 남극에서는 바람이 워낙 심해 집채만한 빙산도 하룻밤 사이에 나타났다 사라지기 일쑤라고 한다. 세종기지 앞 마리안 소만에도 가로 세로 수십 미터 크기의 빙산이 나타났다가 하루아침에 흔적조차 없이 사라진다고 한다. 그래서 이곳 사람들은 빙산을 '나그네' 라 부른다.

위쪽이 평평한 모양을 한 채 남빙양을 떠다니는 거대한 빙산은 보통 남극 대륙 쪽에서 떨어져 나온 것이다. 대륙에서 분리된 빙산은 길이가 수백 미터에서 수km에 이르기까지 한다니 작은 마을 하나가 바다에 떠다니는 셈이다. 이런 빙산은 바람에 깎여나가고 물에 녹으면서 아래 위가 뒤집히기도 한다.

빙산의 또 다른 매력은 색깔에 있다. 얼음이 생성된 지 오래된 부분

넬슨 섬 바닷가에 있는 중국의 임시 기지용 컨테이너

일수록 푸른 빛깔을 띠기 때문에 흰색과 푸른색 간의 층이 확연히 구분되는 빙산도 쉽게 만날 수 있다. 계속된 파도로 침식된 부분에 마치 동굴과 같은 형상이 생길 수도 있는데, 이렇게 드러난 부분은 그야말로 가을하늘 빛깔보다도 더 푸르다. 주위에 있는 바다색깔마저도 푸르게 보이기 때문에 조금 과장해서 얘기한다면 내가 지금 바다를 보고 있는 것인지, 맑은 하늘을 보고 있는 것인지 착각이 들 정도다.

실제 빙벽에 가장 가까이 다가갔던 기회는 남극 체류 기간이 거의 끝나가던 11월 23일 넬슨 섬에서였다. 이 일정은 푼타아레나스 행 칠레 공군 수송기가 당초 21일에서 27일로 엿새나 연기되는 바람에 가능했다(결국 27일 비행기도 기상악화를 이유로 도착하지 않았고, 중국 장성기지에서 이틀을 더 지낸 뒤 29일에야 남극을 빠져나올 수 있었다. 이 같은 일정 변경은 남극에서 흔한 일이지만, 결국 체험단은 귀국 항공 스케줄과 호텔 예약 건을 처리하느라 골머리를 썩여야 했다).

우선 고무보트 '해신 1호'가 향한 곳은 필데스 반도와 넬슨 섬 사이를 지난 드레이크 해협이다. 필데스 반도는 칠레 프레이 공군 기지와 러시아 벨링스하우젠 기지, 중국 장성기지 등이 위치한 곳으로 세종기지와는 맥스웰 만을 사이에 두고 있다. 드레이크 해협은 세계에서 가장 악명 높은 바다 중 하나다. 나는 2년 전 포클랜드에서 배를 탄 뒤 이 바다를 건너 킹조지 섬까지 왔었다. 그때 폭풍 속에서 만난 높은 파도와 멀미로 고생했던 경험을 떠올리면 '악명'이라는 말이 괜히 붙은 게 아니다 싶다. 그런 드레이크 해협을 다시 만나게 되니 많은 생각들이 떠올랐다. 물론, 고무보트를 타고 대양으로 나가는 것은 불가능했다. 단지 대양의 입구에 서서 수평선 위로 떠올라 있는 태양을 마주하면서, 저 멀리 보이는 대형 빙산의 존재를 확인하는 것만으로도 충분히 감동적이었다.

넬슨 섬에 다다랐을 때는 이미 오후 5시가 넘어 있었다. 체코의 에코

기지가 있는 지점을 지나자 빙벽에서 떨어져 나온 유빙들이 빼곡히 떠다니고 있었다. 조심스럽게 해안으로 다가가 고무보트를 고정시키고 육지로 뛰어올랐다. 100~200m만 해안을 따라가면 거대한 빙벽이 자리하고 있었고, 해안가까지 설원이 이어져 있다.

여름을 향해 치닫고 있는 11월 하순임에도 이곳에 쌓인 눈은 발을 디딜 때마다 무릎까지 꺼져내렸다. 눈이 거의 녹은 세종기지 주변과는 사뭇 다른 모습이다. 해안에서 100m쯤 올라간 곳에 자리한 세 개의 자그마한 건물은 중국 관찰소다. '중국 남극고찰대' 라는 글씨가 쓰인 중간 건물이 숙소동 겸 실험동인 듯했다.

중국은 북극과 남극 모두에서 고층대기를 주로 연구하고 있다. 여기 넬슨 섬의 컨테이너 박스들도 고층대기 연구원들을 위해 마련해둔 임시 건물이라고 한다. 개념은 다르지만 우리나라도 바톤 반도 맞은편의 위버 반도에 컨테이너 박스를 하나 가져다 두었다. 혹시 일어날지 모르는 조난 사고를 대비해 마련해둔 대피소다. 우리나라뿐 아니라 타국 기지들도 곳곳에 대피소를 마련해두고 있다.

빙벽을 조금 더 가까이에서 보기 위해 언덕을 올랐다. 해발 100m쯤 되는 언덕이었을 것이다. 바다 위로 솟아 있는 빙벽의 모습이 그야말로 위풍당당하다. 빙벽 윗부분은 크레바스들이 쩍쩍 아가리를 벌리고 있다. 수십 미터 깊이의 크레바스들은 섬뜩한 공포감을 안겨준다. 바로 10m 앞에 펼쳐진 모습이었으니 필자도 온 몸에 소름이 돋는 것을 느꼈다.

사진을 충분히 많이 찍었다고 생각했지만, 돌아선 뒤에는 아쉬움이 진하다. 눈에 보이는 만큼만 사진에 담아낼 수 있다면 얼마나 좋을까라는 생각이 간절했다. 함께 온 사진작가나 다큐멘터리 작가의 직업이 그렇게 부러울 수가 없었다. 정말 오싹하리만큼 아름다운 장면이었다. 아마 평생 잊을 수 없는 순간이 될 것 같다.

4. 세종기지 주변의 기상

2006년 11월 15일. 올해 들어 28번째 블리자드(Blizzard)가 불었다. 블리자드는 강풍을 동반한 눈폭풍인데, 보통 기준 풍속을 14m/s로 잡는다고 한다. 이 날 블리자드는 최고 풍속이 28m/s에 달했고, 평균적으로도 17~18m/s가 유지됐다. 월동대원들이야 "뭐, 이 정도 바람 가지고 그러느냐. 최소 30m/s 정도의 바람은 맞아봐야 제대로 남극 분위기가 나지"라는 분위기였다.

그러나 바람이 초속 10m만 넘어가더라도 웬만한 사람은 걷는 데도 불편함을 느끼게 된다. 더구나 동풍을 타고 들이닥치는 눈 알갱이들은 눈을 뜨고는 다닐 수 없을 정도로 따끔따끔하다. 사진기나 비디오카메라 등 기계장비들도 함부로 꺼내 들었다가는 속속들이 파고든 눈이 녹으면서 고장을 일으키기가 쉽다.

블리자드는 역시 겨울에 많이 발생한다. 2006년에도 한겨울인 7월(7번)과 8월(6번)에 가장 많았고, 4월(5번)과 9월(4번)이 그 뒤를 이었다고 한다. 1~3월과 5월, 10월, 11월에 각각 1번씩 일어났고, 6월에만 유일하게 한 번도 없었다. 세종기지에서는 2003년 6월 4일 오전 11시 35분부터 6월 7일 새벽 4시 15분까지 무려 64시간 40분이나 블리자드가 지속된 기록이 남아 있다.

남극의 기온은 얼마나 낮을까? 현재까지 측정된 최저기온은 영하 89.5℃다. 이는 1983년 7월 21일 남극 대륙에 있는 러시아의 보스토크 기지(남위 78도, 동경 107도, 해발 3,488m)에서 측정된 기록이다.

세종기지가 설립된 1988년 이후 기지 주변에서 관측된 기상기록들을 한번 살펴보자. 우선 최저기온은 1994년 7월 24일 기록된 영하 25.6℃이다. 반대로 최고기온은 2004년 1월 24일 관측된 영상 13.2℃이다. 온도로만 놓고 따진다면 우리나라 산간지방에서도 흔히 측정될 수 있는 정도의 수치다. 그러나 남극은 바람이 워낙 세기 때문에 단순히 기온만으로 추위를 가늠할 수는 없다. 체감온도는 우리가 생각하는 이상으로 떨어지기 때문이다. 예를 들어 영하 2℃의 기온일 때 풍속이 20km/h이면 체감온도는 영하 12℃, 30km/h이면 영하 16℃까지 떨어진다.

세종기지에서 관측된 최고 풍속은 49.5m/s로 기록되어 있다. 2003년 8월 16일의 일이다. 최심 적설(눈이 녹을 때까지 가장 많이 쌓였을 때의 깊이) 기록은 2000년 9월 25일의 225cm, 최심 신적설(0~24시 중 눈이 가장 많이 쌓였을 때의 깊이)은 1990년 6월 26일의 80cm가 최고 기록이다.

다음은 기압. 킹조지 섬, 특히 세종기지 주변은 저기압골 형성이 자주 일어나는 곳이기 때문에 날씨 변화가 극심하다. 실제 1988~2005년 평균 기압은 989mb로 1기압(1013mb) 상태를 밑돈다. 2000년 9월 7일 1035mb까지 올라가기도 했지만, 반대로 2004년 9월 18일에는 937mb까지 내려간 적도 있다.

▪ ▪ ▪ ▪ 6

남극을
닮은 나라
칠레

1. 칠레는 어떤 나라

멀고 먼 남쪽, 와인의 나라 칠레. 길이 4,200여km에 평균 너비 180여 km라는 좁고 긴 모양의 칠레는 남북으로 뻗은 안데스산맥과 해안산맥, 그리고 서쪽의 태평양을 끼고 있어 산과 바다가 절묘한 조화를 이루는 곳이다.

남쪽 파타고니아는 세계적인 강설 지역으로, 안데스산맥에서 내려온 산악 빙하가 산중 호수는 물론 해안까지 펼쳐져 있어 색다른 볼거리를 제공한다. 여기에 남미에서 가장 안전하다고 알려진 치안 상황은 관광객들에게 더없이 매력적인 요소가 된다.

칠레의 수도는 중간쯤에 위치한 산티아고다. 이곳의 인구는 600만

명으로, 전체 인구(2004년 기준 1,595만 명)의 37%에 달할 만큼 인구 집중도가 심하다. 2004년 5,900달러였던 1인당 GDP(국내총생산)가 2005년 7,146달러로 껑충 뛰었을 정도로 최근 칠레의 경제성장 속도는 눈부시다. 칠레 국민 가운데 3분의 2는 '메스티조(mestizo)' 다. 메스티조는 중남미의 원주민인 '인디오' (북아메리카의 원주민은 '인디언') 와 백인의 혼혈로 라틴아메리카의 대표적인 인종이다. 이 밖에 백인 계통이 29%, '인디오' 가 5%를 차지한다. 백인은 스페인계가 대부분이지만, 영국계와 아일랜드계, 독일계도 일부 포함되어 있다.

칠레는 구리의 나라다. 칠레 전체 수출액 중 광물자원은 56.2%를 차지하고, 이 중 80%가 구리다. 구리 한 광물로 벌어들이는 돈이 전체 수출의 44.6%에 달한다. 구리의 확인 매장량만 하더라도 3억6,000만 톤으로 압도적 1위이고, 2005년 생산량 또한 세계 전체 생산량의 41.3%에 해당하는 532만1,000톤이었다.

칠레를 찾는 사람이라면 반드시 먹어봐야 할 것이 두 가지가 있는데, 바로 와인과 연어다. 세계 최대의 포도 수출국답게 칠레 와인은 싸고 맛있다. 비록 프랑스가 자랑하는 최고급 와인을 찾아보긴 힘들더라도, 와인 애호가들도 절대 칠레 와인을 저평가하지 않는다.

와인과 가장 잘 어울리는 음식이라면 연어 스테이크를 꼽을 수 있을 것이다. 칠레에서는 아무리 작은 호텔에 가더라도 연어 스테이크만큼은 만족스럽게 즐길 수 있다. 칠레는 2005년 15억 달러의 연어를 세계로 수출했고, 이 역시 세계 1위 규모다(참고로 연어는 칠레와 노르웨이가 세계 1~2위를 다투고 있다).

지구 반대편에 위치한 칠레는 우리나라와는 거리상 가장 먼 나라 중

우리나라와 칠레의 교역량(단위 : 1천 달러, %)

년도	수출 금액	수출 증가율	수입 금액	수입 증가율
1996년	640,242	0.6	1,1,02,532	8
1997년	655,228	2.3	1,162,116	5.4
1998년	566,958	-13.5	706,346	-39.2
1999년	455,391	-19.7	815,297	15.4
2000년	593,047	30.2	902,017	10.6
2001년	572,596	-3.4	696,109	-22.8
2002년	452,999	-20.7	753,935	8.3
2003년	517,187	13.9	1,057,723	40.3
2004년	708,287	36.9	1933,548	82.8
2005년	1,151,001	62.5	2,279,175	17.9
2006년(1~11월)	1,429,221	36	3,479,606	72

자료 : 한국무역협회

하나다. 그러나 2003년 우리나라 최초의 자유무역협정(FTA) 체결 상대
국이 되면서 경제 방면으로는 가장 가까운 나라가 됐다. 2003년 2월 15
일 서명한 칠레와의 FTA는 2004년 4월 1일부터 발효됐다. 우리나라로
서는 최초의 FTA 상대국이 된 칠레로서도 한국은 아시아 국가 중 첫
체결 상대국이다. 칠레는 이어 2005년 11월 중국과 FTA에 서명해 2006
년 10월부터 발효됐고, 이보다 3개월 뒤인 2006년 2월 인도와 FTA가
체결됐다.

우리나라의 대 칠레 수출은 2003년 5억1,700만 달러에서 2005년 11
억5,100만 달러로 123%나 증가했다. 대 칠레 수입도 같은 기간 10억
5,800만 달러에서 22억7,900만 달러로 115% 늘었다.

우리나라의 수출 품목은 자동차 3억7,000만 달러, 합성수지 1억 2,700만 달러, 무선전화기 9,200만 달러(이상 2005년 기준) 등 주로 공산품 및 IT(정보기술) 제품에 집중되어 있다. 반면 칠레로부터는 구리, 몰리브덴, 철, 아연 등 광물자원과 돼지고기, 포도, 홍어와 같은 1차 생산품 위주로 수입하고 있다.

한국의 칠레 시장 점유율은 2005년 3.61%로 전체 8위를 기록하고 있다. 주 칠레대사관에 따르면 2006년 8월 현재 칠레에 살고 있는 한국인은 모두 1,870명이다. 이 가운데 1년 이상 임시거주 사증을 포함한 영주권자 및 시민권자가 1,762명이며, 단순 체류자는 102명이다.

칠레는 지구상에서 남극 대륙과 가장 가까운 거리에 있는 나라다. 우리나라 연구진들도 남극 세종기지에 가려면 칠레를 반드시 거쳐야 하는데, 최남단 도시인 푼타아레나스에서 배를 타거나 비행기를 타야 한다. 비행기의 경우 공군기 또는 경비행기를 타고 남극에 위치한 칠레의 프레이 기지까지 간 다음, 고무보트를 타고 40분을 가야 세종기지에 도착할 수 있다.

이렇듯 남극과 밀접한 칠레이다 보니 남극 문제에 큰 관심을 보이는 것은 당연할 수밖에 없다. 남극조약과 남극 공동개발, 환경보전 등 국제적 노력에 적극적으로 동참하는 것은 물론, 남극의 일부가 자국의 영토라는 속내까지도 거침없이 내보이고 있다. 때문에 프레이 기지에는 공군과 그들의 가족 수백 명을 이주시켰고, 이들의 생활을 위해 학교도 운영하고 있다.

2. 남극의 이웃 칠레 푼타아레나스

칠레의 수도 산티아고에서 비행기로 4시간 거리인 푼타아레나스는 대륙에 있는 도시 중 세계 어느 곳보다도 남극과 가깝다(세계 최남단의 도시는 아르헨티나 땅인 티에라델푸에고 제도에 있는 우수아이아다). 푼타아레나스는 여름인 11월부터 다음해 4월까지 칠레의 남극기지인 프레이 기지까지 공군기가 운항되고 있어, 과학자들은 물론 남극 관광을 꿈꾸는 사람들이라면 반드시 거치는 곳이기도 하다.

인구 12만 명의 푼타아레나스는 겨울로 접어든 5월에도 어딘가 모를 따뜻함이 느껴지는 곳이다.

첫 번째 남극 방문에 나섰던 나는 2004년 5월 16일 'SBS 스페셜' 외주제작팀과 함께 푼타아레나스를 찾았다. 5월은 남반구에서 이미 겨울로 접어드는 시기인 만큼 남극으로 가는 모든 비행기는 운항을 중단한 상태였다. 때문에 우리 일행은 포클랜드 섬에서 출항하는 크릴 어선을 타고 남극으로 가기로 결정했다(당시 방송 팀은 미래식량 자원으로 기대되는 크릴에 대한 다큐멘터리 촬영을 위해 남극을 찾았고, 2004년 여름에 방송되어 무더위를 식혀주었다). 푼타아레나스에서 포클랜드까지는 칠레의 민간 항공사인 '란칠레'(Lanchile)가 매주 토요일마다 한 번씩 정기 항공기를 운행한다.

마침 이곳에 도착한 날이 토요일이어서 비행기를 놓친 일행은 꼼짝없이 일주일을 기다려야 했다. 하지만, 그 일주일은 '기다림의 지루함' 보다는 '색다른 칠레의 맛' 을 느끼게 해준 소중한 시간이었다.

첫날 가이드를 맡은 사람은 푼타아레나스 토박이 아벨리노(62)였다.

이 늙은 가이드의 정감 어린 모습은 이곳의 따뜻한 분위기와 잘 어울렸다. 그 나이에는 조금 벅찰 듯한 초록색 모자와 빨간 목도리는 도시를 닮은 그의 눈매와 묘한 조화를 이뤘다.

도심에서 차로 40여 분을 이동해 '바이아 항구'에 도착했다. 칠레 수산업의 효자 역할을 하고 있는 왕게잡이는 겨울을 맞아 대부분 휴업 중이었다. 다만 성게잡이 어선 한 척만이 이른 아침부터 하역 작업으로 분주한 모습이었다. 서른네 살의 동갑내기인 클라우디오 아라베나와 오스발도 밀라펠이 일행을 반갑게 맞더니 성게를 하나씩 쥐어주며 맛을 보라고 권한다. 아벨리노가 능숙한 솜씨로 싱싱한 성게를 맛있게 먹는 방법을 시연했다. 이곳의 성게는 3~8월이 제철인데, 전량 일본으로 수출되어 칠레 어부들에게 짭짤한 수익이 보장된다 한다.

바이아 항구에서 20여 분을 더 달리면 칠레 최남단에 위치한 불네스 요새(Fuerte Bulnes)에 도달한다. 마젤란 해협을 바라보고 있는 이 요새는 칠레 역사의 산실이다. 마젤란이 이곳을 처음 발견한 1520년 6월 1일, 첫 증기선이 출항했다고 기록된 1840년 7월 14일, 그리고 요새가 건설된 1843년 9월 21일. 이러한 역사적 사건들이 모두 기념비로 남아 당시의 상황을 설명하고 있다. 칠레 남단의 현대사는 불네스 요새에서 시작되어 60㎞ 북쪽의 푼타아레나스로 확대된 것이라고 한다.

불네스 요새 입구 한 켠에는 조그만 카페가 관광객들을 기다리고 있다. 게르만 히달고 트리비노-알레한드라 토레스 카브레라 부부가 이 카페를 운영한다. 아내인 알레한드라가 남편 게르만보다 10살이나 많다고 했다. 일행이 카페에 들어서 차를 주문하자 게르만이 오히려 한 가지 부탁을 해왔다. 가로 세로 30㎝ 남짓한 고물 배터리를 들고 나오

남미 대륙 최남단에 위치한 불네스 요새는 1843년 건설된 칠레 근대 역사의 산실이다

더니 우리가 타고 온 차의 배터리에 연결해 충전을 하자는 것이다. 전기가 들어오지 않기 때문에 자체 발전기로 백열전구의 불을 밝히고, 차도 끓이는데 마침 방전이 됐었나 보다. 어쨌거나 커피 맛은 일품이었다. 필자는 차 맛에 감사 인사를 했고, 게르만 부부는 배터리 충전에 고마움을 표했다.

남아메리카의 끝자락 마젤란 해협의 겨울은 호수처럼 고요했다. 1914년 파나마 운하가 건설되기 전까지 수백 년에 걸친 동안 수많은 배들이 이곳을 거쳐 태평양과 대서양을 오갔을 터이다. 하지만 여름이

뼈대만 남은 론스데일호

면 불어대는 시속 100~120㎞의 강한 바람 탓에 마젤란 해협은 예로부터 '범선의 무덤'이라 불렸다. 연안에 머무르다 좌초한 범선이 허다했고, 아예 침몰해버린 배만도 300척이 넘는다고 한다. 160여 년 전인 1840년대 이 해협의 희생양이 된 영국의 범선 '론스데일 호'(Lord. Lonsdale)는 뼈대만 남은 모습으로 섬뜩한 역사를 말해주고 있다.

마도로스들의 우상인 마젤란. 하필 자신의 이름을 딴 해협이 마도로스들의 무덤이 될지 그는 과연 상상이나 했을까.

인근에 있는 '산 페르난도 농장'의 양고기 바비큐는 점심식사로 제격이다. 주머니 사정이 조금 넉넉하다면 양고기와 사과주를 푸짐하게 주문하길 조언한다. 3대가 함께 사는 페르난도 가족과 함께 한 식사는 비록 서로 말이 통하지는 않았지만, 가장 유쾌했던 순간으로 기억된

칠레 푼타아레나스에 있는 프랏 장군의 동상

다. 맛도 맛이지만 식사가 끝난 뒤 300m 떨어진 전망대까지 소달구지를 타고 가는 경험은 이색적이었다.

달구지는 점박이 베르나와 누렁이 까닐요가 사이좋게 끌었다. 장남인 페르난도는 두 소가 서로 보조를 맞춰야 하기에 몸집이 비슷한 놈들로 짝을 맞춰야 한다고 했다. 그런데 나이를 좀 더 먹은 베르나가 기력이 점점 쇠해지는 것 같아 까닐요에게 새 친구를 만들어줘야 할지 고민인 듯했다.

5월 21일은 늘 조용할 것만 같던 도시가 이른 아침부터 시끌벅적했다. 오전 9시가 되자 해안가에 위치한 광장에 해군이 정렬하고, 시민들도 하나둘 모여들었다. 이 광장에는 아르투로 프랏(Arturo Frat) 장군의 동상이 서 있는데, 그 자세가 매우 호전적이다.

마젤란 광장에서 만난 기념품 가게 주인 메리

    칠레에서 가장 중요한 국가 공휴일 중 하나인 '해군의 날'이라고 했다. 페루-볼리비아 연합군에 맞서 태평양전쟁(1879~1883년)을 벌였던 칠레는 1879년 5월 21일 압도적 숫자를 앞세운 페루 해군과 맞서게 된다. 유명한 '이끼께 전투'였다. 칠레 해군 수장이었던 프랏 장군은 자살공격까지 감행하면서 선전을 펼쳤다. 그는 사망했지만, 이 전투가 촉매제 역할을 하면서 전쟁은 결국 칠레의 승리로 끝났다.

    칠레의 프랏 장군은 우리나라의 이순신 장군과 같은 존재인 셈이다. 칠레는 전쟁에서 이김으로써 북쪽으로 영토를 더 넓혔고, 이때 세계 최대 규모의 구리광산과 이끼께 항구를 손에 넣었다. 칠레는 현재까지도 세계에서 구리를 가장 많이 생산하고, 수출하는 나라다.

2006년 11월, 나는 푼타아레나스를 다시 찾았다. 예술인들로 구성된 '2006 남극 체험단' 을 동행 취재하기 위해 세종기지로 향하는 길이었다. 이번에 머문 사보이 호텔(Savoy hotel)은 2년 전에 묵었던 호텔 피니스 테레(Hotel Finis Terrae)와 달리 해안가에 바로 인접해 있다. 때문에 마젤란 해협의 새벽녘을 맛보는 사치를 누릴 수 있었다.

태양은 새벽 5시에 이미 뜬 상황이었다. 그러나 온 도시가 잠들어 있는 해안가는 그야말로 적막에 휩싸여 있다. 화물선으로 보이는 대형 선박이 연안에 한가로이 정박하고 있는 모습은 도시를 더욱 을씨년스럽게 만들고 있었다. 물고기를 잡아 나르고 있는 바다갈매기 외에는 모든 것이 정지된 듯했다.

시간이 흐를수록 사람들의 발길이 하나둘씩 늘어갔다. 오전 11시가 되면서 가장 번화가라 할 수 있는 마젤란 광장은 사람들로 북적였다. 동상을 배경으로 사진을 찍는 사람들, 벤치에 앉아 햇볕을 쬐는 연인들, 기념품들을 전시해두고 손님을 기다리는 상인들….

자신의 이름을 '크리시' 라고 소개한 30대 남자는 일주일 전쯤 발파라이소에서 이곳으로 왔다고 했다. "푼타아레나스는 너무 바람이 심하게 불어서 마음에 들지 않는다" 는 그의 말에 증거라도 되려는 듯 돌풍이 거세다. 메리 코르시 겔라르도라는 이름의 여자가 운영하는 노점상에 진열된 물건들이 눈에 띄었다. 유도 대회에 참가하러 왔다는 젊은 아르헨티나인들도 이 노점상에서 가족들에게 가져다줄 기념품을 고르고 있었다. 나 역시 조카에게 줄 작은 기념품 하나를 샀다. 칠레, 특히 푼타아레나스에서 살 만한 기념품은 역시 펭귄을 소재로 한 물건이 제격이다.

3. 작은 남극, 그레이 호수의 빙하

푼타아레나스 북쪽 400여km 지점의 '토레스 델 파인'으로 향했다. 이곳은 파타고니아산맥과 거대한 산중 호수들이 절경을 뽐내고 있어 관광객뿐만 아니라 하이킹을 즐기려고 찾아오는 세계 각지의 젊은이들로 붐빈다. 나도 2004년 칠레를 방문했을 때 2박 3일 일정으로 이곳 '토레스 델 파인'을 찾았다.

칠레의 대표적 초식동물인 과나코(guanaco, 남미 안데스산맥에 서식하는 야생 라마) 무리는 더 이상 관광객 행렬이 낯설지 않은 듯 눈만 껌벅였다. 외진 카페의 기둥 밑에서는 잔뜩 웅크린 스컹크를 만나는 것도 어렵지 않았다. 거대한 호수들과 절경을 이루는 산등성이, 그리고 가끔씩 나타나는 대형 폭포들은 왜 사람들이 이곳에 열광하는지 충분히 설명해주고 있었다.

남극 지방이 아닌 대륙에서 빙하를 볼 수 있다는 것은 이곳을 찾는 사람들의 큰 기쁨일 터이다. 특히 '그레이 호'에서는 빙벽으로 안내하는 유람선도 운행된다. 오전 8시와 오후 2시에 각각 출발하는 이 유람선을 타려면 60달러나 내야 하지만, 빙하를 보는 순간 '비싸다'는 생각은 모두 잊게 되므로 주저할 이유가 없다.

북미와 유럽 등지에서 찾아온 관광객 50여 명을 태우고 '그레이 II'호가 드디어 회색빛 호수로 나아간다. '작은 남극'을 향해 시동을 건 지 5분이나 지났을까, 어느새 사람들의 셔터 세례가 시작됐다. 눈앞에 수m 길이의 얼음덩이가 나타난 것이다. 수온이 항상 0~1℃로 유지되고 있어 빙벽으로부터 떨어져 나온 빙하는 길이 17km에 이르는 이 거

푼타아레나스에서 '토레스 델 파인(파타고니아 국립공원)'으로 가는 도중에 만난 양떼

대한 호수를 떠내려 오면서도 형태가 보존될 수 있다고 한다.

그 수를 모두 헤아릴 수 없는 빙괴 사이를 헤치며 빙벽으로 접근하자 사람들의 탄성이 이어진다. 길이가 5km에 이르는 '얼음 병풍'은 30~50m 높이에 비해 훨씬 더 거대해 보인다. 이곳 빙하의 역사는 대략 1000~1만5000년 정도라고 한다. 깎여 나간 절벽에는 일반 지층에서 볼 수 있는 나이 띠마저 선명하다. 푸른색과 흰색의 멋들어진 조화는 그 어떤 예술품보다도 아름답다.

절경에 심취해 있는 사이 유람선 가이드가 이색적인 선물을 준비해 두었다. 빙하를 깨어 만든 얼음을 곁들인 위스키 한 잔이 그것이다. 기분에 취한다고 했던가, 1만 년이라는 세월의 무게 탓인지, 한두 모금에

그레이 호수의 아름다운 빙벽 모습

금방 취기가 오른다. '얼음 나라' 여행을 하는 동안 어느새 남극 앞바다에 와 있는 듯한 착각에 빠져 버린다.

　오후 5시가 조금 넘은 시각, 그레이 호수에 어두운 밤이 찾아왔다. '작은 남극'은 이렇게 또 하루의 역사를 더해가고 있었다.

■■■ 7

남 빙 양 과
크 릴
조 업

1. 혹한에 맞서 싸우는 마도로스들

빙점을 밑도는 수온, 갑판을 넘나드는 집채만한 파도. 철새인 오리들
의 이동경로여서 '드레이크(drake) 해협'으로 이름 붙여진 아메리카
대륙과 남극 대륙 사이의 남빙양은 세계에서 가장 거친 바다로 손꼽힌
다. 인근의 '스코티아 바다' 역시 잦은 폭풍으로 악명이 높아 수십 년
경력의 조타수도 진땀을 흘린다.

하지만 극한의 자연에 맞서는 뱃사람들의 힘찬 도전은 남빙양에서
도 거침이 없다. 한국, 미국 등 각국 깃발을 내건 크릴 어선 선원들이
바로 그들이다.

크릴 어장은 사우스조지아 군도와 사우스오크니 군도, 그리고 킹조

미국 국적의 탑오션 호

지 섬을 포함한 사우스셰틀랜드 군도 등 3곳이 대표적이다. 크릴 어선
들의 전진기지는 남미 대륙 최남단에서 동쪽으로 400여㎞ 떨어진 영
국령 포클랜드 섬이다. 포클랜드에서 이들 어장까지는 1,000~1,500㎞
떨어져 있어 뱃길로 3~5일이나 걸린다.

2004년 5월 25일 오전. 출항 준비를 마친 미국 국적의 탑오션(Top
Ocean)호가 드디어 닻을 올렸다. 바다로 나아가자 돌고래 서너 마리가
남빙양을 처음 찾은 이방인에게 환영 인사를 하는 것처럼 시속 11노트
(시속 약 20㎞) 속도의 배 옆에서 힘차게 헤엄쳤다.

크릴잡이 탑오션 호에는 8개국 60명이 탑승했다. 미국 선박이어서인
지 선장과 부선장, 기관장, 부기관장 등 '빅4'는 모두 미국인이었고,
험한 일은 대부분 베트남과 우크라이나 출신 선원들이 맡고 있었다.

크릴 어군을 찾는 어로장으로는 폴란드인 마리안 코모프스키가 합류했다. 그는 남극해 최고의 어로장으로 알려진 인물이었다.

출항 3일 만인 5월 27일 밤, 배는 첫 목적지인 사우스셰틀랜드 군도 동쪽 엘리펀트 섬 연안에 도착했다. 당시 이곳 기압은 965mb. 폭풍 속을 지나고 있던 셈이었다. 6~7m에 이르는 높은 파도에 5,000톤급의 육중한 배조차도 이리저리 흔들렸고, 선실에서는 물건 떨어지는 소리가 심심찮게 들려왔다. 반타 브랜트(미국) 선장은 남빙양에서 그 정도의 폭풍은 폭풍 축에도 끼지 못한다고 다소 긴장한 듯한 우리 일행을 안심시켰다. 큰 폭풍이 닥치면 10m가 넘는 파도가 갑판을 덮치는 경우도 예사라고 그는 말했다.

크릴 어군을 찾아 킹조지 섬으로 접근을 시도하던 탑오션 호는 29일 새벽 얼음 속에 갇힐 뻔한 위기를 겪기도 했다. '팬케이크 아이스'였다. 수온이 영하 2~3℃까지 내려가 있는 겨울의 남빙양에서는 바다 표면이 얼면서 지름 1m 크기의 쟁반 모양 얼음들이 군데군데 생기는데, 그 모양이 팬케이크와 같다 해서 붙여진 이름이다.

야간 항해를 지휘하던 스미스 워드(미국) 부선장은 부랴부랴 엘리펀트 섬 쪽으로 뱃머리를 돌렸다. 배의 기수를 돌리는 데는 성공했지만, 6노트(시속 약 11km)를 유지한 채 한참이나 속도를 올리지 못했다. 혹시 프로펠러가 팬케이크 아이스로 인해 상하기라도 한다면 낭패였기 때문이었다. 404회의 무사고 출항을 기록 중이던 노(老) 선원의 신중함이 빛을 발하는 순간이었다. 이때 바깥 기온은 영하 10℃, 초속 17~18m의 바람을 감안할 때 체감온도는 영하 24℃까지 내려가 있었다.

이처럼 배를 타고 바다로 나간다는 것은 단순한 일처럼 보이지만 결코 일상적인 일일 수가 없다. 일단 배를 타게 되면 외부와 완전히 격리된 생활을 해야 하고, 언제 어떤 위험이 닥칠지 모르기 때문이다. 그래서 '선장' 이라는 인물은 배에서 아주 특별한 존재다. 간부급 선원들 사이의 협의는 있을 수 있지만, 선장의 말에 대한 항변은 거의 불가능하다. 즉, 선장의 말은 곧 '법' 이다.

우리 일행이 탔던 탑오션 호에서도 아주 재미있는 에피소드가 있었다. 브랜트 선장은 1964년생으로 당시 갓 마흔 살을 넘긴 미국인이었다. 부선장이 65세라는 것을 감안하면 무척이나 젊은 편이었다.

하루는 배 곳곳에 아주 '무서운' 경고문이 붙어 있었다. 영어와 베트남어, 러시아어 등 3개 국어로 친절히 번역된 이 경고문에는 "간부 식당 냉장고에 있던 선장의 야참이 3일 연속 사라졌다. 만약 다시 이 음식에 손을 대다 걸리면 1차적으로 경고를 내리고, 2번 걸리면 가차 없이 본국으로 돌려보낼 것이다" 란 글귀가 씌어있었다.

겨우 야참 몇 번 사라진 것을 두고 원양어선을 타는 선원들에게 중도하차라는 가장 큰 위협을 가한 것이다. 불행인지 다행인지 범인은 잡히지 않았다. 그리고 그 이후 선장의 야참이 사라지는 일도 없어졌다.

2. 크릴 조업, 그리고 환희

크릴(Krill)은 반투명성의 새우를 닮은 갑각류로 몸길이는 약 4cm이다. 대부분 낚시 미끼로 사용된다. 크릴은 낮에 수심 150~200m 사이에 있다가 밤이 되면 수면 가까이로 올라오는 특성이 있어 그물을 내

려놓는 수심 조절이 매우 중요하다.

탑오션 호는 28일 엘리펀트 섬 인근 해역에서 첫 그물을 내렸다. 그러나 기대했던 크릴 어군이 아니었다.

본격적인 조업은 결국 출항한 지 열흘이 훨씬 지난 6월 7일 최북단 어장인 사우스조지아 군도에서 이루어졌다. 선원 모두는 확성기를 통해 전달되는 어로장 마리안의 말 한마디 한마디에 촉각을 곤두세우고 있었다. 끊임없이 그물을 손질하던 갑판 어부들의 손길은 그물을 내리면서 더욱 바빠졌다. 그물과 연결된 양쪽 로프에는 지름 50cm 크기 공 모양의 주황색 부표가 40~50개씩 달려 있는데, 이들로 인해 그물이 내려지는 순간 바다엔 한 폭의 수가 놓여진 듯하다.

크릴이 잡히면 갑판 바로 아래에 위치한 저장 탱크로 옮겨진 뒤 일단

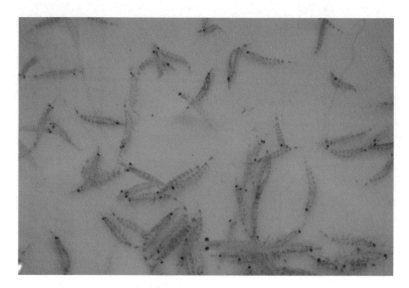
미래의 식량으로 기대를 받고 있는 크릴

70~80℃ 온도에서 살짝 데쳐진다. 그리고는 이내 껍질을 벗기는 작업에 들어간다. 크릴을 식용으로 쓰기 위해서는 '껍질(Shell)'을 어떻게 신속하고 정확히 벗겨내어 얼마나 큰 '살코기(meat)' 회수율을 보이는지가 관건이다.

탑오션 호의 껍질 벗기는 장치 및 방법은 이미 특허가 신청된 것이라 했다. 그래서인지 자세한 과정은 외부인인 우리 일행에게 공개하지 않았다. 껍질과 완전히 분리된 살코기는 11kg 단위로 포장되어 냉동고에 저장된다.

이 배에서 1시간 동안 처리할 수 있는 크릴 양은 10톤 정도라고 했다. 저온에서 활동하는 크릴은 상온에 방치될 경우 이내 흐물흐물하게 녹아버리고 만다. 따라서 한 번에 무조건 많은 양을 잡는다고 해서 마냥 좋은 것만은 아니다.

크릴을 잡다 보면 가끔씩 물개들이 올라올 때도 있다. 크릴 속에 갇혀 질식사하는 경우가 대부분이지만, 산 채 잡히는 경우도 종종 있다. 그러나 물개는 이내 바다로 돌려보내진다. 남극의 생태계를 보호한다는 국제적 약속을 지키기 위함이다.

110여m 길이의 그물은 보통 1시간 30분쯤 지난 뒤 끌어올려진다. 한 번에 올라오는 크릴의 양은 10~50톤. 출항 후 한참 동안이나 헛물만 켜서인지 기대 이상의 어획량에 뱃사람들은 기쁨을 감추지 못하며 환호성을 내질렀다.

조리 담당인 뜨란 꽁 치우(베트남)도 반팔 차림인 것을 잊어버린 듯 밖으로 나와 사진 찍기에 여념이 없다. "정말 많이 잡혔다"며 활짝 웃는 그에게서 가족을 그리워하던 그늘진 모습은 찾아보기 힘들다. 갑판에 쌓인 크릴을 저장 탱크로 넣기 위해 물을 뿌려대는 선원들의 얼굴에도 미소가 가득했다.

거친 피부에 덥수룩한 수염, 그리고 정돈되지 않은 머리카락. 세계에서 가장 거친 파도 위에서 마도로스들은 그렇게 대자연과 맞서고 있었다.

3. 미래 식량자원의 보고, 크릴

지구의 자원 고갈에 대한 경고가 내려진 이후 인간은 대체자원 개발을 위한 눈물겨운 노력을 거듭해 왔다. 또한 새로운 식량자원에 대한 갈망에서 개발되지 않은 마지막 대륙, 남극으로까지 발길을 옮기고 있다. 특히 무한한 잠재력을 지닌 것으로 알려진 '크릴' 은 당당히 그 중심에 위치해 있다.

사람들은 왜 크릴에 열광하는가. 크릴은 새우와 닮은 모양의 갑각류로 전 세계에 85종 정도가 존재한다. 몸체가 커서 상품성에서 높은 평가를 받고 있는 남극 크릴은 성체의 길이가 6cm, 무게는 1g 남짓이다. 크릴은 보통 낮에는 해면 150~200m 아래에서 어군을 형성하고, 밤에는 수면 근처에 위치해 조업에는 주로 트롤 어업(그물을 내려 끌어 담는 방법)이 이용된다.

해양생물학자들은 크릴에 대해 흔히 다음과 같은 문장으로 설명한다.

"크릴보다 작은 생물 중 크릴이 먹지 않는 것이 없고, 크릴보다 큰 것 중에는 크릴을 먹지 않는 것이 없다."

해양생물 생태계에서 차지하는 크릴의 핵심적 위치를 잘 알 수 있는 말이다. 바꿔 말하면 크릴이 식품으로서 가치가 무한하다는 말이기도 하다. 크릴은 식물성 플랑크톤을 먹고 사는데, 자신은 긴 수염고래와 바다표범, 별오징어, 펭귄, 바닷새 등 각종 남극 동물의 먹이가 된다. 이처럼 많은 포식자가 한 종류의 먹이에 의존하는 생태계는 지구상에서 찾아보기 힘들다고 한다.

크릴 자원의 양은 전 세계적으로 10억~50억 톤이고, 남극 크릴은 10분의 1 정도로 추정된다. 세계 수산물 생산량이 1억 톤에 미치지 못하는 사실을 감안할 때 어마어마한 수치가 아닐 수 없다.

남극 해양생물자원보존협약(CCAMLR)에 의하면 남극 크릴의 한 해

남빙양 한가운데서 만난 해외 원양어선들

어획 한계량은 440만 톤인데, 실제 전 세계적인 크릴 어획량은 연간 10만 톤 수준에 불과하다. 남극 생태계 보전을 위한 쿼터를 정해두었음에도 실제 조업은 40분의 1에도 미치지 못하는 셈이다.

크릴이 미래의 식량자원으로 손색이 없다는 것은 다양한 활용도에서도 찾을 수 있다. 크릴 전문가들이 "가공만 잘할 수 있다면 버릴 것 하나 없이 모두 활용 가능하다"고 말하는 것도 이 때문이다.

2000년 한국식품개발연구원 김동수 박사팀이 발표한 논문에 따르면 크릴에서 추출된 성분은 수분 79.1%, 단백질 13.1%, 지방 4.0%, 회분 2.7% 등이었다. 살코기는 고단백질 영양식, 필수지방산은 보조식품, 껍질의 키틴과 키토산은 영양제로 이용될 수 있다고 전문가들은 전한다. 특히 크릴에 다량 포함된 '오메가3'는 심장병 예방, 치매 예방, 학

(단위 : 톤)

국가	2000년	2001년	2002년	2003년	2004년	2005년
일본	8만0602	6만7377	5만1079	5만9682	3만3683	2만2678
한국	4499	1650	1만2965	2만 411	2만5212	2만8678(2006년 3만3677)
미국	70	1561	1만2174	1만 150	8550	1072
노르웨이	0	0	0	0	2만9491	4만8389

자료 : CCAMLR 협약 과학위원회 보고서 2005, 해양수산부

습능력 향상 등의 효과가 있는 것으로 알려져 있으며, 강력한 자가소화 효소를 이용한 의약품 개발 움직임도 활발하다.

크릴 조업의 선구자는 옛 소련이다. 소련은 반세기 전인 1961년 최초로 크릴의 대량 어획을 시작했다. 이후 일본과 폴란드 등이 조업에 뛰어들었고, 1980년대 초에는 총 어획량이 50만 톤을 넘어섰다. 1980년대 중반 들어서도 30만~40만 톤을 유지했지만 크릴 어업을 주도하던 소련이 붕괴된 1992년 이후부터는 거의 10만 톤 수준으로 감소한 상태다. 모두 9척의 배가 조업에 나선 2003년에는 11만7,000여 톤이 잡힌 것으로 공식 집계됐다.

우리나라의 경우 1978년 첫 시험 조업에 나섰지만 가능성만을 타진한 채 이렇다 할 진전을 이루지 못했다. 본격적인 조업을 시작한 것은 1997년 인성실업에서 3,000톤급 트롤선인 '인성호'를 남빙양에 투입한 뒤부터다.

2002년에 1만3,000톤에 이르렀고, 동원산업의 4,500톤급 '동산호'가 추가로 진출한 2003년에는 2만여 톤의 어획량을 기록했다. 이후 2004

년 2만5,000여 톤, 2005년 2만8,000여 톤으로 어획량은 해마다 늘어났고, 인성실업이 일본선적을 인수한 뒤인 2006년에는 3만3,000여 톤으로 일본을 제치고 세계 2위로 올라섰다. 그러나 아직도 국내외 시장에서의 판매로를 확보하지 못해 이 같은 증가추세가 지속적으로 이어질지는 미지수다.

2004년까지만 하더라도 크릴 어획량 1위였던 일본은 현재 노르웨이와 한국에 이어 3위에 그치고 있다. 노르웨이는 2004년부터 단 1척의 어선을 투입했을 뿐이지만, 이 배는 연간 12만 톤을 잡아 가공할 수 있는 규모를 갖췄다. 노르웨이는 조업 첫 해였던 2004년 2만9,000여 톤의 어획고를 올린데 이어 2005년에는 4만8,000여 톤을 잡아 독주체제에 들어갔다.

주요 국가들은 아직 크릴 조업에 본격적으로 뛰어들지 않았지만, 크릴 관련 과학 연구에 있어서만큼은 상당히 적극적인 움직임을 보이고 있다. 그럼에도 크릴 조업 2위인 우리나라는 이러한 세계적 추세에 비해 발걸음이 더디다. 전문가들은 조만간 가시화될 남극 생물자원 경쟁 속에서 '크릴 선진국'으로 자리매김하기 위해서는 발 빠른 정부 투자가 우선돼야 한다고 한 목소리를 내고 있다.

한국해양연구원 극지연구소의 신형철 박사는 "크릴은 가공 단계에서의 여러 가지 문제로 그동안 개발에 어려움을 겪었지만 그 가치는 무한하다"면서 "이미 세계 여러 나라에서 앞다투어 크릴에 막대한 연구비를 투자하고 있다"고 전한다.

현재 크릴 연구를 선도하고 있는 나라는 미국과 호주, 영국 등이다. 이들 나라는 매년 60일 이상 연구선을 운용해 자료를 수집하고 있다.

2003년까지 연간 5만 톤 이상의 어획고를 올렸던 크릴 선진국 일본도 3년에 한번씩은 50일 정도의 조사기간을 확보하고 있는 것으로 알려졌다.

이에 비해 우리나라의 크릴 연구 환경은 열악하기 그지없다. 정부출연기관으로서는 유일하게 크릴을 연구하는 한국해양연구원에 투입되는 연구비는 연 2억5,000여 만 원. 이 중 인건비를 뺀 순수 연구비는 1억 원 정도에 불과하다.

연구선 운용에만 하루 1,800만 원이 소요되기 때문에 매년 12월 남극 세종기지로 파견되는 크릴 연구원들에게는 단 3일의 자료수집 기회가 주어질 뿐이다. 크릴의 가치가 이미 검증된 이상, 민간업체가 아닌 정부 차원의 연구비 활성화가 시급하다는 목소리가 점차 높아지고 있다.

크릴의 식량자원 잠재력에 대한 세계적 관심은 고조되어 있다. 하지만 적극적인 조업과 상품 개발에서는 아직 미온적인 태도를 보이고 있다. 그 이유 중 하나는 크릴 대량 어획이 초래할 수 있는 남극 해양생태계의 혼란이다.

크릴이 해양생태계에서 차지하는 위치가 워낙 중요하기 때문에 더욱 엄격한 규제가 필요하다. 세계는 수십 년 전 남극해에서 고래와 물개 남획으로 생태계 전체가 파괴 직전까지 내몰렸던 사실을 기억하고 있어 '개발' 보다는 '보전' 에 더욱 신중할 수밖에 없다.

남극 해양생물자원보존협약(CCAMLR)은 현재 24개국을 회원국으로 두고 있으며, 우리나라도 가입해 있다. 이 협약의 가장 큰 틀은 '합리적 이용을 포함하는 보전' 으로, 모든 어선에 대해 어업자료 제출을 의무화하고, 단위 해역당 허용 어획량을 엄격히 적용하고 있다. 남극 크릴의 경우 현재 연간 440만 톤 정도의 어획이 가능하다.

크릴 산업에서 또 하나의 걸림돌은 효율적인 가공법 개발이다. 크릴은 조업 초기부터 가공의 어려움으로 인해 주로 미끼나 양식장 사료로 사용되어 왔다.

식용 살코기로 쓰기 위해서는 불소가 다량 포함된 껍질을 벗겨내야 하는 것이 가장 큰 관건이다. 불소가 필요 이상 축적되면 몸에 이상이 생길 수 있기 때문인데, 이 가공 단계를 거치는 동안 회수율은 10% 이하로 떨어지게 된다.

업계에 따르면 현재 기술로는 크릴 100톤 어획으로 7~8톤 정도 상품화할 수 있다 한다. 기초과학 분야의 하나로 크릴을 연구하는 것과 동시에 크릴을 산업화할 수 있는 가공법 개발이 '크릴 선진국' 으로 자리 잡을 수 있는 지름길인 셈이다.

제**4**부

극지로 가는길

•••

내가 처음 남극으로 향했을 때는 휴식 없이 인천에서 푼타아레나스까지 직행했는데,
나중에는 발이 퉁퉁 부어 신발이 들어가지 않아 애를 먹었다.
이렇게 먼 여정을 거쳐 남극에 도착하는 데만 짧게는 4일, 길게는 일주일 이상이 소요된다.
결코 만만치 않은 여행임에는 분명하다.
하지만 거친 바다 저 멀리 고무보트에 달린 태극기가 보이는 순간
누구든 벅차오르는 감동을 주체하지 못한다.

1

북극은
어떻게
가나

북극을 여행한다? 그리 쉽지 않은 말처럼 들리는 게 당연하다. 물론, 북극점이야 탐험가들도 오랫동안 준비해야 도전할 수 있는 게 사실이다. 하지만, 북극 여행의 기착지를 뉘올레순으로 잡는다면 이야기는 달라진다.

실제 이 과학기지촌을 운영하고 있는 킹스베이 사에 따르면 뉘올레순을 찾는 관광객은 2005년에만 무려 2만 5,000명에 이르렀을 정도다. 거의 여름철에 집중되어 있고, 관광객들 대부분은 지리적으로 가까운 유럽인들이다.

하지만 한국인들도 가려는 의지만 있다면 북극 여행을 할 수 있다. 물론 비행기를 이용하더라도 왕복에만 4~5일이 소요되고, 그에 따른 경비도 아주 비싸다는 사실은 미리 알아둘 필요가 있다. 참고로 한국에서 노르웨이로 비행기를 타고간 뒤, 최고급 크루즈 호를 타고 스발바르 군도를 관광하는 17일 코스의 여행은 가격이 무려 1,300만원에 달한다.

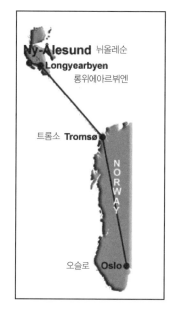

노르웨이 오슬로에서 뉘올레순 과학 기지촌으로 가는 비행경로

뉘올레순에 가려면 스발바르 군도의 관문이라고 할 수 있는 롱위에아르뷔엔에서 경비행기를 타고 가는 방법과, 주변국에서 운용하는 여객선을 이용하는 방법의 두 가지가 있다.

우선 경비행기는 일주일에 이틀이지만 거의 1년 내내 운행한다. 2006년의 경우 10월 26일까지는 월요일과 목요일, 10월 27일부터 2007년 2월 28일까지는 월요일과 금요일에 각각 일정이 잡혀 있다.

그리고 오슬로에서 롱위에아르뷔엔까지는 정기 항공편이 있다. 하지만 매일 비행기를 운항하는 여름철과 달리, 겨울철에는 일주일에 닷새만 이용할 수 있다는 것도 유념해야 한다.

경비행기는 16인승인데, 기장석과 부기장석을 제외하면 최대 14명까지 탈 수가 있다. 한 사람당 짐을 최대 20kg까지 휴대할 수 있고, 그 이상에 대해서는 별도의 요금을 내야 한다.

롱위에아르뷔엔에서 뉘올레순까지는 20분 정도가 소요된다. 1인당 청구 금액은 왕복 기준으로 80만원에 육박한다. 12명이 한 팀을 이루

킹스베이 사가 운행하고 있는 경비행기. 롱위에아르뷔엔에서 뉘올레순까지는 20~30분이 소요된다

어가면 경비행기 40분을 타는데 1,000만원을 지불해야 하는 셈이다.

뉘올레순 과학기지촌에는 비록 작은 규모지만, 어엿한 부두가 있다. 이곳에는 인근 빙하 탐사를 위한 보트들이 정박되어 있고, 연구선들도 드나든다. 가끔은 킹스베이 만에 정박한 대형 크루즈 선들이 1,000명 이상의 관광객들을 한꺼번에 쏟아내기도 한다.

여객선은 주로 여름철에만 운항한다. 따뜻한 걸프 난류가 흐른다지만, 이곳도 겨울이면 바다가 얼어붙는 경우가 다반사이기 때문이다.

킹스베이 사 홈페이지(www.kingsbay.no)에서 2006년 운항기록을 살펴보면 여름철 관광객이 집중된다는 사실을 쉽게 알 수 있다. 5월에는 25일 관광객 20명을 태운 '노르데를리히트(Noorderlicht)' 호가 들어온 것이 전부다. 본격적인 여름철에 접어든 6월에는 모두 31척이 도착해 9,322명이 뉘올레순으로 들어왔다.

북극 관광객을 수송하는 대형 여객선

16일에는 '코스타 클래시카(Costa Classica)' 호가 1,680명을 내려놓았고, 24일 도착한 '시 프린세스(Sea Princess)' 호는 무려 2,270명의 관광객을 태우고 왔다. 7월에는 가장 많은 45척에 1만 4,116명이, 8월은 28척에 4,790명이 뉘올레순 부두에 입항했다. 가을로 접어들면서 '백야'가 끝난 9월에는 승객 150명이 3척의 배에 나눠 타고 들어왔을 뿐이다.

2

남 극 은
어 떻 게
가 나

　남극은 멀다. 그나마 남극 반도 위의 킹조지 섬은 칠레와 1,200여㎞ 밖에 떨어져 있지 않기 때문에 오가기가 쉬운 편이지만 남극 대륙 쪽 은 쇄빙선이 없으면 접근조차 어렵다. 때문에 각국이 남극기지에 보급 품을 수송할 때는 거의 전쟁 중 '공수 작전' 에 버금갈 만큼 치밀한 계 획을 세워야 한다.

　여기서는 우리나라 세종기지에 가는 방법에 대해 간단히 소개하고 자 한다. 장도에 나서기 전 가장 먼저 외교부의 허가부터 받아야 한다 는 사실을 일러둔다.

　현재까지 우리나라 연구원들이 가장 보편적으로 이용하는 비행경로 는 인천국제공항에서 미국 로스앤젤레스까지 간 다음, 여기서 다시 칠 레 산티아고까지 가는 것이다. 로스앤젤레스까지는 11시간쯤이 소요

남극 킹조지 섬은 서울에서 칠레 푼타아레나스까지 간 다음 공군 수송기나 경비행기를 타고 3시간을 더 가야 한다

되고, 산티아고까지는 비행시간만 13~14시간이 걸린다. 물론 로스앤젤레스 대신 뉴욕 등 미국의 다른 도시를 경유할 수도 있다.

2001년 9.11 테러 발생 이후 미국의 공항검색이 유독 까다로워지자 한동안은 인천 - 독일 프랑크푸르트 - 산티아고 노선도 자주 이용됐었다. 대신 프랑크푸르트 - 산티아고 노선은 비행시간만 16~17시간이 걸리기 때문에 이코노미 클래스를 이용할 경우 상당한 고통을 감수해야 한다.

산티아고에서 다시 칠레 최남단 도시인 푼타아레나스까지의 국내선은 5시간 정도가 걸리는데, 푸에르토몬트에서 한 번 내려서 추가 승객을 태우는데 1시간 정도가 소요된다.

체력이 좋은 사람의 경우 하룻밤도 자지 않고 푼타아레나스까지 직

푼타아레나스에서 킹조지 섬에 있는 칠레 프레이 공항까지 왕복하는 우루과이 공군 수송기

행하는 경우도 있지만, 보통은 로스앤젤레스에서나 산티아고에서 하룻밤 정도는 쉬어가는 것이 좋다(2004년 내가 처음 남극으로 향했을 때는 휴식 없이 인천에서 푼타아레나스까지 직행했는데, 나중에는 발이 퉁퉁 부어 신발이 들어가지 않아 애를 먹었다).

하지만, 여기까지는 몸은 힘들지언정 일정대로 움직일 수 있으니 그나마 쉬운 편이다. 세종기지를 가려면 푼타아레나스에서 연구선을 타고 맥스웰 만까지 가는 방법과 킹조지 섬의 필데스 반도에 위치한 칠레 프레이 공군 기지까지 공군 수송기를 이용하는 방법이 있다.

연구선을 타면 꼬박 4일 정도가 걸리는데, 세계에서 가장 악명 높은 드레이크 해협을 건너가야 하기 때문에 상당한 멀미를 각오해야 한다. 공군 수송기는 칠레와 우루과이, 브라질 등 남미 국가들이 운행할 때 미리 예약을 해야 한다. 극지연구소 측에서도 1~2달 전에 미리 예약을

남극을 간다는 것은 결코 쉬운 여정이 아니다. 때문에 마중 나온 세종기지 대원들을 만나면 벅차오르는 감동을 주체하지 못한다

하는데, 아마 개인 자격으로 자리를 얻기는 쉽지 않을 것이다.

그밖에도 DAP라는 칠레의 민간 경비행기 운행사가 있지만, 공군 수송기에 비해 가격이 훨씬 비싸다(물론, 공군 수송기도 3시간 정도 비행하는데 왕복 항공료로 1인당 120만원으로 싸지는 않다).

공군 수송기를 이용할 경우 상당한 변수가 뒤따른다. 보통 하계 기간인 11월에서 이듬해 3월까지만 운행하는데, 현지 날씨 사정에 따라 운항이 취소되는 경우가 다반사다. 2005년 1월 세종기지를 방문한 과학교사 및 대학생 남극 체험단은 계속된 운항 연기로 무려 일주일이나 푼타아레나스에서 기다려야 했다. 내가 동행한 '2006 예술인 남극 체험단'은 돌아가는 수송기를 타지 못해 세종기지에서 5일, 중국 장성기지에서 4일을 더 체류했었다.

프레이 기지까지 무사히 도착한 뒤에는 바람에 운명을 맡겨야 한다.

이곳에서 세종기지까지는 고무보트로 40~50분 정도를 가야 하는데, 파고가 높을 경우 맥스웰 만을 건널 수 없기 때문이다. 이는 연구선을 타고 맥스웰 만에 도착했을 경우에도 마찬가지다.

만약 기다리는 시간이 길어지면 극지연구소의 연구원들은 주로 친하게 지내는 러시아 벨링스하우젠 기지에 신세를 진다. 프레이 기지에 호텔도 있는데, 여인숙 같은 방을 내주면서 하룻밤에 120~130달러씩 받는다고 하니 선뜻 이용할 엄두가 나지 않는다(월동대원들처럼 각국의 남극 기지에 직접 관여하고 있는 사람들에게는 조금 싼 값을 받는다고 한다).

다행히 2007년 2월 벨링스하우젠 기지 가운데 한 건물이 우리나라 연구원들을 위한 숙소공간으로 리모델링되었다. 연구원들이나 외부 손님을 데려오기 위해 날씨가 좋지 않음에도 월동대원들이 무리하게 고무보트를 띄우는 일을 막기 위해서였다. 리모델링 자재는 우리나라가 공급하되 연구원 출입이 잦은 하계 기간 동안 이 건물을 우리가 떳떳이 사용할 수 있게 됐다.

이렇게 먼 여정을 거쳐 남극에 도착하는 데만 짧게는 4일, 길게는 일주일 이상이 소요된다. 속된 말로 "진이 빠진다"고 할 만큼 만만치 않은 여행임에는 분명하다. 그래서일까, 저 멀리 고무보트 '해신 1호', '해신 2호'에 달린 태극기가 보이는 순간 누구든 벅차오르는 감동을 주체하지 못한다. "잘 오셨습니다"라는 월동대원들의 한 마디 인사가 이어지면 남극의 추위도 이내 잊을 수 있을 것이라고 확신한다.

남극 세종기지
북극 다산기지

지은이 김창덕

펴낸이 박영발

펴낸곳 W미디어

등록 제2005-000030호

1쇄 발행 2010년 3월 9일

주소 서울 양천구 목동 907 현대월드타워 1905호

전화 6678-0708

팩스 6678-0309

e-메일 wmedia@naver.com

ISBN 978-89-91761-34-6   03400

값 12,000원